科普图书馆

了不起的动物世界

海洋巨无霸

廖春敏 主编

上海科学普及出版社

图书在版编目（CIP）数据

海洋巨无霸 / 廖春敏主编. —— 上海：上海科学普及出版社，2014.9

（了不起的动物世界）

ISBN 978-7-5427-6200-9

Ⅰ.①海… Ⅱ.①廖… Ⅲ.①水生动物—海洋生物—普及读物 Ⅳ.①Q958.885.3-49

中国版本图书馆CIP数据核字（2014）第172598号

策　　划　胡名正
责任编辑　刘湘雯

了不起的动物世界
海洋巨无霸
廖春敏　主　编
上海科学普及出版社出版发行
（上海中山北路832号　邮政编码 200070）
http://www.pspsh.com

各地新华书店经销　　三河市恒彩印务有限公司印刷
开本　889mm×1194mm　1/16　印张 8　字数 160 000
2014年9月第1版　2014年9月第1次印刷

ISBN 978-7-5427-6200-9　　　　　　　　定价：23.80 元

前言

FOREWORD

  动物是自然界中的一个大类群，它们生活范围广泛，地球上所有的海洋、陆地，包括山地、沙漠、森林、草原、农田、水域以及两极在内的各种生境，都生活着形形色色的动物，它们是地球自然环境不可缺少的组成部分。这些生活在不同环境中的动物都有各自独特的外形、生活方式、生存优势，这是它们长期适应自然选择的结果。它们有的庞大，有的弱小；有的凶猛，有的和善；有的奔跑如飞，有的缓慢蠕动；有的翱翔天空，有的游弋水中……即使它们面对食物链中弱肉强食的残酷，也同样在自然界中演绎着各自独特的生命奇迹，每一个片段都是如此的精彩。

  我们在千千万万种动物中，精心挑选出不同生境中具有代表性的动物，捕捉到这些精灵的每一个精彩瞬间，用生动的语言，讲述故事一般地把这些动物的基本特征、繁殖策略、奇异行为、独特本领、捕食妙招、有力武器等各种令人惊叹的非凡能力展现给每一位读者，让读者看到一个了不起的动物世界。

  本丛书"了不起的动物世界"共分4册，本册《海洋巨无霸》，讲述海洋中各种动物的生存之道，它们或是凶狠残酷，捕食海洋里的其他动物，以维持自己及种的生存；或是联合尽可能多的成员，一起猎食一起抵御敌害，很可爱的是，它们在一致对外战斗完之后，成员之间同样也会出现利益矛盾，打个你死我活；或是单纯利用自己的庞大，摆出一副我不怕人,人勿惹我的架势,自在悠闲地在茫茫海洋中占有自己的一席之位;或是利用自己的独门必杀技抵御一切外敌,并充分利用它来捕食……总之,为了生存,神奇不断演绎。通过本书,读者可以了解到海洋动物们更多鲜为人知的"内幕",让人惊叹,并将读者带入更深入的思索,以解答更多的疑问和谜团。

为了给读者创造更好的阅读享受,让读者更真实地体验到海洋动物生存的精彩画面,参与本书编撰出版的诸位老师:廖春敏、李坡、孙鹏、王玲玲、刘佳、陈晓东、李立飞、白海波等,在文字撰写、图片使用、版面设计上都倾注其所有心思,力求做到文字充满青春张力、图片新颖贴切、设计清丽明快。在此感谢以上各位老师为本书所做的各种工作!

最后,希望本书能够成为各位读者了解动物世界的良师益友。

编 者

目 录 CONTENTS

海狗与海狮 ……………………… 1
巨大的雌雄体型差异 ……………… 1
海洋猎食者 ………………………… 3
既群集又竞争 ……………………… 5

海 象 ……………………………… 9
长着长牙的"海狮" ……………… 9

不仅在浅海里生活 ………………… 12
海洋中的专门捕食者 ……………… 12
对幼崽细心照料 …………………… 13
在北极地区受到的迫害 …………… 15

真海豹 …………………………… 17
为潜水而生的身体 ………………… 17
海洋中多种动物的天敌 …………… 19
各具特色的繁殖策略 ……………… 20

海 豚 ……………………………… 26
敏捷而聪慧 ………………………… 26
种类丰富的"食谱" ……………… 30
群居的生活 ………………………… 31

鼠海豚 …………………………… 33
小而圆的身形 ……………………… 33
河流、海滨和远洋 ………………… 34
用回声定位捕猎 …………………… 35
海中的"幽灵" …………………… 36

儒艮和海牛······38
硕大、缓慢而温顺······38
孤独的幸存者······43
在浅水区食草······44
母子的联结······45

贝鲁卡鲸和独角鲸······48
隔热脂肪······48
深海捕食者······50
迁移的鲸类······51

抹香鲸······53
来自深海的声音······53
环球"航海家"······55

鲸类的群体关怀······57

须 鲸······61
深海中的庞然大物······61
遍布七大海域······62
大迁移生活······63
处于危险之中的巨兽······64

灰 鲸······66
巨大且被寄生······66
沿太平洋海岸活动······67
从繁殖区到捕食区······68

虎 鲸······72
海上霸王——虎鲸······72

哪里有猎物哪里就有虎鲸……………… 73
高智商的海洋捕食者………………… 75
海洋里的母系氏族家庭……………… 75

伪虎鲸 …………………………………… 77
活泼温和又爱笑……………………… 77
揭开集体自杀之谜…………………… 78

鲸鲨 ……………………………………… 81
世界上最大的鲨鱼…………………… 81
温和的滤食性鲨鱼…………………… 82
鲸鲨"情侣"出双入对……………… 84

大白鲨 …………………………………… 85
视觉听觉嗅觉触觉全面发达………… 85
天生的血腥杀手……………………… 87
吃人只为好奇心……………………… 89

皱鳃鲨 …………………………………… 90
最原始的鲨鱼………………………… 90

翻车鱼 …………………………………… 92
最大的硬骨鱼………………………… 92
会漂流也会潜水……………………… 93
产卵数量创吉尼斯纪录……………… 94

矛尾鱼 …………………………………… 96
知之甚少的"古董鱼"……………… 96
昼伏夜出……………………………… 97
独特的大脑和鳍……………………… 98

蝠鲼 ……………………………………… 99
温和的魔鬼鱼………………………… 99
蝠鲼为什么要飞跃…………………… 101
爱护独子……………………………… 101

海龟 ……………………………………… 103
最长寿的动物………………………… 103
迁徙定位未解之谜…………………… 105
减少人为破坏，保护野生海龟……… 106

霞水母 …………………………………… 108
会发光的海上霸主…………………… 108
与小牧鱼共生………………………… 109
疯狂繁殖的背后……………………… 110

巨型等足虫 ……………………………… 112
世界最大等足虫……………………… 112
终日在海底打扫尸体………………… 113
一亿六千万年样子不变……………… 114

巨型鱿鱼 ………………………………… 115
巨鱿不是长大的了鱿鱼……………… 115
奇特的大眼睛………………………… 116
揭秘巨型鱿鱼繁殖之谜……………… 117

巨型蜘蛛蟹 ……………………………… 118
腿脚细长的巨蟹……………………… 118
与海葵的和谐共生…………………… 119

海狗与海狮

在一片铺满了沙子的海滩上,一头体型庞大、长满鬃毛的雄性海豹露出了它黑色的头颅,张开嘴大声地吼叫,这一幕充满了神秘色彩。在它的周围聚集了80只雌性海豹,都是它的"妻妾";在离它们不远的地方是另一群,也有一头体魄健壮的雄性充当"登陆指挥官"。这就是有耳海豹,现在世界上共有14种,全部都是群居性的、在一块儿抚养幼崽的鳍足目动物。

现在幸存下来的有耳海豹包括两大类:海狗(又称"皮毛海豹")和海狮,同属海狮科,它们与真海豹不同,真海豹的后肢可以向后伸,但不能前弯,因此无法在陆地上直起身来。而海狮的后肢则能向前弯,身体直立。另外同属一科的海狮与海狗也略有差异。海狮的口鼻部比较宽,而海狗的口鼻部较为尖细。然而两者最为明显的不同之处在于,海狗的下层绒毛很浓密,而海狮的则比较稀疏。海狗可以分成比较明显的两个属——北海狗属与南海狗属,然而南北两属之间的亲缘关系比南海狗与海狮的关系还远。

● **巨大的雌雄体型差异**

尽管有耳海豹在水里的时候,后鳍肢极不灵活,没有什么用处,但是在地面上的时候,后鳍肢却保留了运动的功能,而且相对也比较灵活。马戏团里的海狮能被训练上梯子,比这更厉害的是,雄海狗在布满岩石的海滩上"奔跑"的时候鲜有对手,在凸凹不平的地面上,海狗甚至比人"跑"得还要快。

有耳海豹比真海豹在外表和行为上更为一致。所有种类的有耳海豹在体型上都是雄性比雌性大,甚至北海狗的雄性体重能达雌性的5倍。这种雌雄的巨大差异在哺乳动物中只有一种真海豹能和它差不多,那就是南象海豹——雄性体重是雌性的4倍。一只在繁殖季节获得成功的雄海狗,往往能占有多只雌海狗,这种生育策略可以称之为"一雄多雌制"。

大多数有耳海豹捕食的种类比较单一,而大多数真海豹的捕食种类却很繁多;有耳海豹中没有种群生活在淡水中,而真海豹中却有几种可以生活在淡水中,如贝加尔环斑海豹和环斑海豹、港海豹的几个亚种。

↗ 这是几种具有代表性的海狮和海狗。所有种类的海狮和海狗在体型等方面都表现出了雌雄二态性,与雌性比起来,雄性的体型更大,一般来说皮毛颜色也更深。另外,海狮的口鼻部比海狗的宽,但是下层绒毛比海狗的要稀疏。海狗往往由于毛发太多太厚而导致在陆地上时体温过高。标号为"1"的是一只雄性加州海狮;标号为"2"的是一只雌性斯氏海狮;标号为"3"的是一只雌性南美海狮;标号为"4"的是一只雄性新西兰海狮。标号为"5"的是一只雌性南美海狗;标号为"6"的是一只雄性北海狗。

大约在800万年前,北太平洋海域出现的海狮科动物体型已经变得比较大,雌雄之间在体型上也明显不同,雄性比雌性大。除此之外,鳍肢的骨头和每颗切齿都保留了"双根"与颌骨相连,这些特征在雌雄两性上稍有不同,而且现代海狮也有这些特征。大约在600万年前,北海狗从海狮科主干上分化出来,之后不久就向南进入了南半球。

从600万年前到200万或300万年前的这一段时间里,海狮科动物的"主干"上几乎没有出现什么分化,那时的海狮科主干物种与现代的南海狗物种几乎相同。但是在200万年前,它体型增大的趋势突然加快,切齿也发展成"单根",种属出现分化。在最近的300万年内,现存5个属的海狮从海狗亚科的主干上分化出来。

现存的14种有耳海豹在北太平洋沿岸都能找到,从日本沿岸到墨西哥沿岸,从南美厄瓜多尔的加拉帕戈斯群岛向南到南美西海岸,从秘鲁北部太平洋沿岸绕过南美最南端的合恩角到巴西南大西洋沿岸,在澳大利亚的南海岸和新西兰的南岛,以及环南极洲的岛群等。这些海域的海水比较凉爽而不是冰冷,但是北海狗、斯氏海狮,特别是南极海狗都出现在接近冰点的海域里。所有的有耳海豹都不在冰面上而是在海边陆地上生育幼崽。

● 海洋猎食者

有耳海豹常常聚集在有上升洋流

知识档案

有耳海豹类

目 鳍足目
科 海狮科
现存共7属14种,包括:南海狗属,有8种;北海狗属,只有1种;南美海狮;斯氏海狮;加州海狮;新西兰海狮;澳洲海狮。

分布 北太平洋沿岸,从日本到墨西哥;加拉帕戈斯群岛;南美洲西海岸,从秘鲁北部绕过南美最南端的合恩角到南大西洋东海岸巴西南部;澳大利亚南海岸;新西兰南岛海岸;环南极洲沿海群岛海域。

栖息地 通常在海岸附近离岸的岩石、小岛上以及海滩上,偶尔栖息在河口附近或淡水河内。

体型 头尾长最短的为加岛海狗,大约1.2米,最长的为斯氏海狮,2.8米,其他的在两者之间;体重最小的大约30千克,出现在加岛海狗里,最大的为556千克,出现在斯氏海狮内;在同一种内,雄性常常比雌性重。

皮毛 下层绒毛与真海豹明显不同,海狗的下层绒毛很浓密,海狮的则比较稀疏。

食性 大多数有耳海豹捕食的物种很多,有鱼类、磷虾、龙虾等无脊椎动物,偶尔还有恒温动物(主要是企鹅),海狮有时还捕食海狗的幼崽。

繁殖 怀孕期为11~12个月,其中包括3~4个月的延迟着床期(澳洲海狮怀孕期为18个月,有5~6个月的延迟着床期);哺乳期一般为4个月到3年。

寿命 大约20岁。

的海域里，那里的海水把海底的营养物质带到了表层海水中，养育了各种各样的海洋上层及海底生物，包括鱼类和无脊椎动物类，这给有耳海豹提供了丰盛的、易捕捉的食物。它们有的时候也到海底捕捉食物，如龙虾和章鱼等。澳洲海狗曾经被海面以下120米的捕鱼拖网或捕鱼箱无意捕捉到，但是一般情况下，有耳海豹只在浅海中捕食，而真海豹则在深海中觅食。

有的时候，有耳海豹会转而捕捉恒温动物。在麦夸里岛海域，新西兰海狗会捕捉体型很大的企鹅；有些南海狗而且常常是未成年的雄性南海狗也会捕捉这种大鸟；斯氏海狮偶尔会捕捉年幼的小北海狗。人们也曾经观察到南美海狮对南美海狗进行攻击，而且这些攻击的动机看起来未成年的与成年的不同：未成年的雄性南美海狮会捕捉母海狗并与之交配，而成年雄海狮捕捉海狗只是作为食物，用来填饱肚子。

南极海狗是少数的专门化捕食者之一，基本上只捕食南极磷虾。

到底有耳海豹每天消耗的食物量有多少，目前人们还无法计算。当然，不同种类的有耳海豹消耗的食物量是不同的，而且，体型比较小的有耳海豹消耗的食物量占自身体重的比例要大于体型比较大的有耳海豹。

➘ 与真海豹相比，有耳海豹的后鳍肢比较不适于游泳，与陆生哺乳动物的后肢更为接近，但在陆地上行进的时候相对更容易，因为后鳍肢能够支撑住其体重。

● 既群集又竞争

有耳海豹大都是一些社会性的动物，往往倾向于群居，尤其是在繁殖季节，大群中的个体数量更多。栖息在白令海域普里比洛夫群岛的北海狗在繁殖季节登岸的高峰期，聚集起的数量十分庞大，可以说那个时节会有世界上最庞大的哺乳动物群。我们在上文曾经提到过，有耳海豹在繁殖季节实行"一雄多雌"制，一只雄性有耳海豹可以占有很多只雌性，其他一些种类的鳍足目动物也实行这一制度，尤其是象海豹（一种真海豹）。为何有耳海豹和真海豹在生育行为上如此相似？许多科学家认为这跟它们的基本生活方式相同有关，如都在水面以上产崽，都在海洋里觅食等。

由于鳍足目动物在陆地上的行动能力有限，所以，它们在选择生育地点上会尽量避开陆地上的掠食者，充分利用某些特殊的地点，以便获得生育上的成功。这些地点相对来说必须是偏僻、空旷的，其他动物很少进入，而且有利于将要分娩的雌性聚集在一起。雄性相对来说占领的空间要大些，因为它们之间会发生激烈的竞争。这种雌性密集而雄性比较分散的方式意味着某些雄性会被排除在雌性之外，很难获得交配机会，而雌性则更倾向于聚集在较为成功的雄性周围，与之交配。

这种交配行为表明体型更大的雄性占有明显的优势，有两个原因可以说明这一点。第一，雄性必须有强大的力量保护自己的领地，必须展示出让人印象深刻的特征，才能对其他雄性产生威慑，赢得雌性的"欢心"，这样，其体型必须足够大才行。第二，一只获得成功的雄性必须在与尽可能多的雌性交配完之前不去水下觅食，因为它们一旦离开其领地就会被其他雄性占去，雌性就可能被夺走。而且，为了占有尽可能多的雌性，需要更长的"禁食期"，因而它们必须事先在体内储存更多的脂肪，以维持"禁食期"体内能量的需要（体型大的动物每单位体重所需要的能量比体型小的动物少）。因此，体型更大的雄性有耳海豹更容易获得成功，比体型较小的会有更多的后代。

经过一系列进化，鳍足目动物在海滩上形成了"生机勃勃"的繁育情景。一只只雄性有耳海豹在各自领地的边界上走来走去，频繁地向其"邻居"炫耀"武力"。当两只雄性相遇的时候，大多数情况下只是示威炫耀，但肢体上的冲突也并不鲜见，尤其是新来者试图在海滩上建立领地的时候。雄性有耳海豹的皮毛特别厚实坚韧，而且有厚厚的鬃毛，因此爆发战争的时候，可以减少受伤。尽管如此，严重的伤害还是时常发生，由于受伤而导致死亡的情况也不是没有，而且许多刚出生的幼崽还会在这些冲突中无辜地被踩踏而死。由于雄性有耳海豹在繁殖季节精神高度紧张，会在其领地内频频发生激烈的冲突，而且很长时间内无法进食，因此很少有雄性能在两三个连续的繁殖季节成功地占有领地并取得支配地位。

在繁殖地的海滩上，高亢的咆哮声和低沉的咕哝声此起彼伏、不绝于耳，其实，有耳海豹们发出的不同的声音代表着不同的意思。成年雄性南美海狮至少会发出4种声音：短促尖利的叫喊声、高亢的咆哮声是在建立领地的过程中或在战斗中发出的，表示攻击或者撤退；低吼声是在遇见雌性时发出的；呼呼声是在竞争性的相遇后发出的。雌性也会发出叫声，例如刚分娩或是幼崽离自己比较远时就会发出喊声。幼崽回应母亲或是饥饿或是寻找母亲的时候，也会发出某种声音。有些种类的声音特别复杂，每只发出的都不相同，例如每只海狮的嗓音就各有特色。

不管是有耳海豹还是真海豹，每年的活动时间安排都是固定的，南极海狗就是一个典型的例子。在南极地区的5～10月份（冬季），成年南极海狗在海洋里活动，人们几乎不了解这段时间它们的具体生活是怎样的。从10月下旬开始，处于生殖期的雄海狗

↗ 一大群南美海狮在交配季节聚集在秘鲁海岸的繁殖地内。尽管有的时候一只雄海狮领地内会有多达18只的雌海狮，但平均来说不会超过3只。

会逐渐上岸建立它们的领地，这个时候，雄海狗之间几乎没有什么冲突，因为海滩上的空间很充足，不必争抢。但是之后不久，海滩开始变得越来越拥挤，领地冲突随之就会增多。约2~3个星期后，第1批雌性海狗怀着上一年交配时形成的胎儿逐渐登陆海滩，汇集于此地。在12月份头一个星期结束之前，会有50%的幼崽降生，在接下来的3个星期里，累计有90%的幼崽降生。雌海狗一般在分娩的前2天才登陆，分娩后的前6天里，雌海狗会与自己的幼崽待在一起，每隔一段时间就会给幼崽喂奶一次。分娩8天后，雌海狗又会进入发情期，这个时候，雄海狗是最忙碌的，因为它们既要为保护自己的领地而与邻居战斗，又要努力争取更多的雌海狗进入自己的领地。尽管雄海狗不会主动把雌海狗弄到自己的领地，但是会尽最大的努力防止已经进入自己领地的雌海狗离开。当进入一只雄海狗领地的多只雌海狗同时到达发情期的时候，由于这只雄海狗无法应付，这群雌海狗就会变得"坐卧不安"，想办法离开去寻找其他雄海狗。这个时候，该领地的雄海狗就会与雌海狗发生矛盾，雄海狗会在雌海狗逃跑的中途拦截它们。平静下来之后它们会开始交配，交配后不久，雌海狗便离开海滩，去海中觅食。

南极海狗的哺乳期大约为117天，在此期间，雌海狗来来回回往返于海洋与海滩之间，在海中吃饱后，上岸给幼崽喂奶。平均起来，雌海狗每天大约总共上岸喂奶17次，在这117天内，海中觅食的总时间是上岸喂奶总时间的两倍。当雌海狗们离开海滩去海中觅食的时候，那些暂时无"人"照料的幼崽会在繁殖海滩上找个地方集中在一起。当雌海狗从海中觅食返回后，就会用各自独特的叫声呼唤幼崽，它自己的幼崽听见后也用叫声作为回应。每只雌海狗都能在一堆幼崽中认出自己的幼崽，它会去嗅自己的幼崽，以进行最后的确认。一旦确定这就是自己的幼崽，雌海狗就把它单独带到一个安全的地方（通常是海滩岩石顶部一处杂草丛生的地方），然后给它哺乳。

有意思的是，南极海狗的幼崽总是在海里断奶，因为这样雌海狗就省去了最后一次登陆的麻烦。幼崽是成群地由雌海狗带到海里去的，因此幼崽的断奶时间几乎是同时的。这样，出生比较晚的幼崽，其哺乳期就较短，断奶时的体重也比出生较早的幼崽小。也许雌海狗们把它们的幼崽同时带到海里是一种反猎杀的手段，因为一些海豹常常捕食海狗的幼崽，当成群的海狗幼崽在一起时，每只都能减小被捕食的概率。

这种比较突然地结束哺乳期的行

↗ 一只澳洲雄海狮正在保护自己的领地，因为它的一位邻居已经越过边界，企图侵占它的领地。雄性常常在入侵者面前展示自己的武力，企图吓退入侵者，但当一位新来者企图在附近建立领地的时候，就会与此地的先来者爆发"真刀真枪的战斗"。

为不仅仅发生在南极海狗身上，北海狗也有这种倾向，它们冬天时常常会突然地、彻底地离开繁殖地而迁走。其他大多数种类的有耳海豹会继续给它们的幼崽喂奶，直到下一胎幼崽出生。也就是说，大约在1年内，雌性有耳海豹会往返于海洋和海滩之间，忙碌于觅食和喂奶。实际上，有些种类会把它们的幼崽喂养到1岁以上甚至2岁，例如斯氏海狮的北方种群会把它们的幼崽喂养到2岁，加岛海狗则把幼崽喂养到2~3岁，这表明那些1岁或2岁的年长幼崽会和它们的"弟弟或妹妹"待在一起。在这种情况下，如果"哥哥或姐姐"是1岁的话，那些刚出生的"弟弟或妹妹"几乎全部在出生后头一个月里死去；如果"哥哥或姐姐"是2岁的话，那些刚出生的"弟弟或妹妹"的死亡率会降到50%。这说明头一胎和第2胎的"兄弟姐妹"之间存在严重的竞争。

大洋洲海狮从交配到分娩有18个月长，科学家根据对96只游弋在澳大利亚南部海域的大洋洲海狮的研究，发现它们的受精卵在子宫里会停止发育3.5~5个月。之后，由于某种荷尔蒙的刺激，胚泡会被激活并着床，然后再怀孕14个月，最后才分娩。这是有记录的所有鳍足目动物中胚泡着床后继续发育时间最长的。

根据线粒体DNA分析，栖息在加利福尼亚湾里的加州海狮不常常与太平洋沿岸的加州海狮种群交配，这说明那些雌性加州海狮记得自己的出生地，每到交配季节都会返回到出生的海滩上交配。

海 象

> 如果说过去的水手常常把海牛当做传说中的美人鱼，那么如果一个人第一次碰上一头海象的话，他只能猜测这到底是个什么海怪了。海象在陆地上的时候显得格外笨拙，但一到海里，则会非常敏捷有力。海象有一对闪亮发光的长牙，并有非常浓密的髭须。它们能发出变化多样的叫声，从低沉的咕哝声到纤细的吼叫声都有。总之，这是一种让人印象深刻的动物，第一眼看见它们的时候，就会留下难以磨灭的印象。

生活在北极附近的土著人长期以来都把海象当做一种神圣的动物，对之顶礼膜拜，因为他们在海象身上看到了很多人类的特性。比如，海象也是一种高度社会性的动物，过着群居生活；生长发育期也很缓慢，从出生到有自己的下一代需要度过很长的时期；也会强烈地保护它们的幼崽，能够用声音来互相交流，寿命也很长。总之，很多地方都像人类，因此，它们吸引了人类持续的关注。

● 长着长牙的"海狮"

很早以前，人们常常把海象描绘成像猪一样，部分原因是它们体态臃肿，有时候一头海象还会爬到另一头身上，并且身上的毛发稀疏，躯体呈圆形，远远看起来确实像猪。海象其实与海狮最像，海象头部比较方，还有两枚长长的牙齿。雄海象喉部还有两个可以充气的气囊，这种气囊有两个主要的功能，一是在繁殖季节可以发出特殊的声音，帮助雄海象"求爱"，二是有助于雄海象在海面上漂浮着休息。

要测量海象这种生活在偏远地区的庞然大物的体重还真是一个难题，也几乎没有可靠的数据来说明海象体重的增长情况。另外，不同季节、不同年龄、不同生育地位和不同栖息地，海象的体重也不同，这能反映出一个海象种群的数量和获得猎物的能力。由于缺少直接的数据，对海象总体的体重状况只能根据其身长，有的时候结合体围来进行估测。根据这种方法，整体上雌海象的体重应该在640~720千克之间，雄海象的体重应该在900~1 115千克之间。

当海象在陆地或冰面上行走的时候，总是用4个鳍肢支撑身体并挪

↗ 这是一头雄性太平洋海象,它正在慢慢地滑向水中。可以看出,它的头部和颈部有厚而坚韧的皮肤褶皱,这是它们的一个最明显的特征。尤其是年龄比较大的雄海象,头部和颈部的皮肤可以厚达5厘米,能为它们提供有力的保护,以免受伤。

动前进。后鳍肢的鳍掌后端叠在臀部下面,以支撑身体,趾向外向前翻;前鳍肢的鳍掌也用来支撑身体,趾向外向后翻。海象能够最大限度地展开自己的鳍肢,鳍肢也很灵活,能抓到自己身体的大部分部位。在水里的时候,海象几乎只靠后鳍肢推动前进,前鳍肢就像船舵一样,只起到控制方向的作用。

海象的另外一个显著特征是皮肤非常厚,一般厚达2~4厘米,而且还常常在身体的关节部位形成一些褶皱并向内弯曲。这种厚皮肤有助于保护它们,使其不至于在其他海象长牙的攻击下受伤,也能避免在尖利的冰面或粗糙的岩石上滑动时受伤。除了鳍肢之外,成年雄性皮肤的其他部位都覆盖着粗糙的毛发,这些毛发大约有1厘米长,而雌性和年幼的雄性身体表面却是柔软的绒毛。成年雄性的脖颈和肩部皮肤上有许多节状物,像小肉瘤一样。这些节状物可使皮肤的厚度增大到5厘米,能够提供更好的保护作用,这也是雄海象与雌海象的一个明显区分标志。但是皮肤褶皱容易滋生吸血寄生虫,从而导致它们易怒,并且常常需要摩擦、抓挠皮肤。

海象现存的最近的"亲戚"是

海狗,它们都是由长得像熊的海熊兽进化而来的,这种海熊兽大约2000万年前出现在北太平洋海域。早期的海象从外表看起来与现代的海狮有些相似,并在大约1000万~500万年前繁盛起来,遍布于太平洋,且有好几种。早期海象的一些种类是吃鱼的,而另外一些则转向吃软体动物和海底的其他动物,并且逐渐在外表和行为方式上有了改变。可能这种主要食物的转变改变了它们在水里的行进方式,一对牙齿也逐渐变得长起来。

在大约800万~500万年前,一些长着长牙并在海底捕食的海象通过曾经存在的中美洲水道,由北太平洋进入到了北大西洋。而对于那些仍然在北太平洋活动的海象,许多科学家认为它们的命运相当不好,可能灭绝了。长期以来,科学界普遍存在一种观点,即认为大约100万年前,一些在北大西洋生活的海象通过北冰洋又重新回到了北太平洋。不过最近在日本发现的海象对这一观点提出了质疑,因为该发现表明,海象至少在更新世中期已在太平洋西岸出现,而且这些海象是现代海象太平洋亚种的祖先。也就是说,太平洋海域的海象并未灭绝,而且还发展出了现代亚种。第二种观点一致认为,现代海象在基因上存在两个不同的亚种,但人们对这两

知识档案

海象

目 鳍足目

科 海象科

现存只有1属1种,有2个或3个亚种:指名亚种(或称大西洋亚种),分布于从加拿大中部的北冰洋海域到喀拉海和巴伦支海;太平洋亚种,分布于白令海和楚科奇海;有的时候把生活在拉普捷夫海的海象作为一个单独的亚种——拉普捷夫亚种。

分布 北冰洋几个边缘海,从加拿大的北冰洋中部海域到格陵兰岛海域再到整个亚欧大陆的北部海域和阿拉斯加西部海域。

栖息地 主要在开阔水域,以及覆盖冰层的大陆架上。

体型 雄性头尾长3.1~3.2米,雌性平均2.7米,不过不同分布地的海象头尾长度有些不同。最短的是哈德孙湾里的海象,雄性平均2.9米,雌性平均2.5米;最长的是加拿大福克斯湾里的海象,雌性平均2.8米。在体重上,雄性795~1 210千克,雌性565~830千克。海象的一对长牙长度各地也不相同,最长的是太平洋中的海象,成年雄性的平均约55厘米,成年雌性的40厘米。

皮毛 皮肤为肉桂棕色到浅茶色,胸部和腹部上的颜色更深;未成年的海象皮肤颜色深于成年海象。鳍肢表面光洁无毛,未成年海象的鳍肢是黑色的,并且随着年龄的增长,逐渐变为棕色乃至灰色;成年雄海象颈部和肩有稀疏的毛发。

食性 主要捕食软体动物,偶尔也捕食海豹和海鸟。

繁殖 怀孕期15~16个月;每胎只产1崽。

寿命 40岁或更长。

个亚种的起源还不太清楚。

● 不仅在浅海里生活

很长时间以来,人们一直认为海象只是在浅海里生活,但是最新的人造卫星数据表明,海象至少能下潜180米。尽管这个下潜深度与其他一些海洋哺乳动物比起来仍然有些浅,但是比以前人们认为的其最大下潜深度不过80~100米仍然是一个不小的进步。海象的大多数下潜活动不会超过180米,主要原因是它们的猎物下潜深度有限,它们不用下潜那么深,但是只要有必要,它们能够而且实际上会下潜到这个深度。

以前曾经有报道说,太平洋的海象超越它们正常的分布范围,向东最远到达了加拿大中部的海域;而大西洋海象也偶尔出现在荷兰海岸、英伦诸岛海岸,甚至出现在了法国和西班牙海岸。最近人们又看到海象出现在了加拿大的圣劳伦斯湾,这个地区是海象的最北分布区域之外的地区,也是它们的"故居",它们再次进入这个海域也许是回到"故居"栖身的第一步尝试。

● 海洋中的专门捕食者

现代海象主要以双壳类软体动物为食,如生活在北方海洋大陆架上的蛤蜊、鸟蛤和贻贝等。海象还在海底捕食大约40种其他的无脊椎动物,包括各种虾、蟹、海蜗牛、多毛类动物、三维象甲虫类、章鱼、海参、被囊动物等,也捕食少数几种鱼,有些海象还像食腐动物和食肉动物一样,吃海豹或其他大型海洋动物的死尸。

海象主要靠触觉来确定猎物的位置,因为它们觅食的区域是比较深的海底,冬天的时候完全是黑的,一丝光线也透不进来,其他时间光线也极弱,其他感觉器官基本派不上用场。它们口鼻部前端的触觉极为灵敏,那

↗ 在北冰洋的斯瓦尔巴群岛上,一头雄海象正展示其触须。触须对海象来说很重要,尤其在觅食过程中更是扮演了一个重要的角色。在黑暗的海底,海象就是用这些敏感的触须来确定软体动物等海底猎物的。

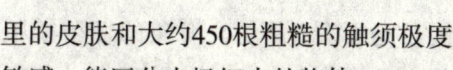

里的皮肤和大约450根粗糙的触须极度敏感,能区分出极细小的物体。

海象口鼻部的上边缘覆盖着一层坚硬的角质化的皮肤,能够用来挖掘藏在海底泥土中的小蛤蜊和其他无脊椎动物。海象口中经常含着许多水,以便向这些深藏在海底洞穴中的小动物喷射,帮助挖掘。

以前人们常常认为海象是用那对长牙来挖掘藏在海底中的贝壳类动物,现在看起来这个观点是不正确的。海象的长牙主要用来互相沟通,就像鹿的角和羊的角一样,是一种具有社会交流功能的器官。长牙虽不用来挖掘,但是海象在海底搜寻猎物前进时,却能起到把周围泥沙推开的作用。

● 对幼崽细心照料

只有少数雌海象能在4岁就开始生育第一胎,有一些最晚在10岁才能生育第一胎,平均6~7岁第一次生育。对雄海象来说,它们的生长发育更慢一些,大多数约在15岁时身体才完全发育成熟,之后才能取得完全的"社会地位"或是在群体中掌握主导权。交配季节,雄海象之间存在着激烈的竞争,只有那些体型足够大、长牙足够长的雄海象才能在竞争中取得胜利。

交配是在最寒冷的冬天进行,可能在水里交配。人们对海象的繁殖行为了解得还很少,现在关于这方面的知识是从观察中得来的。在所有观察的统计中发现,太平洋海象大多在冰面上交配,而大西洋海象多数在冰间湖(由海冰围成的一块永不结冰的开阔水域)里交配。这种习性的不同可能是不同亚种之间的差异吧。

在太平洋海象中,成年雌海象和幼海象共同聚集在传统的繁殖地内,组成一个个相对比较小的群体,共同游动和觅食。它们在海中来来回回地觅食,累了会登陆到冰面上休息,这个时候,可能有几小群的海象在冰面上相遇而混合在一起。一般来说,由雌海象和幼海象组成的小群里还会混有1头或数头成年雄海象,它们会一直待在水里而不上冰面。成年雄海象会持续不断地发出声音,其中包括一系列重复的滴答声、击打碰撞声、类似钟声的吼叫声以及在水下发出的一系列比较短的劈啪声或在海面上发出的口哨声。它们不断地弄出声音,是为了吸引雌性伴侣或驱赶潜在的竞争者。类似钟声的叫声是雄海象喉部的气囊像共鸣器一样不断鼓胀而发出的,其目的只用来吸引异性,而其他大多数声音是通过其他的不同部位发出的。

大西洋海象由于在冰间湖内进行繁殖活动,其游动性比太平洋海象低一些。由于一处冰间湖内可得食物有限,所以此间海象的数量也受到了限制。雄海象也像太平洋的同类一样,发出类似的声音来吸引异性,不过它们还用这些声音与竞争者保持沟通,以稳固自己的主导地位及保护属于自己的雌性群体。这种"一雄多雌制"并保护属于自己的雌性群体的行为与报道过的太平洋海象不同,太平洋海象虽然也是实行"一雄多雌制",但是雄性并不保护自己的众多"妻子"。这种繁殖体系上的差异可能是因雄性太平洋海象竞争激烈从而降低了地位稳定性的结果。

不管是哪里的海象,它们每胎只产1只幼崽,在交配后第二年的春天分娩,通常是5月份。海象的怀孕期很长,意味着大多数雌海象每2年才能产下1胎,也意味着上一胎小海象和下一胎小海象之间的年龄差异比较大。正因为如此,海象成了所有鳍足目动物中生育率最低的物种。海象产下双胞胎的情况是极少见的。

小海象一生下来,头尾长就能达到大约1.1米,体重也能达到50~65千克。它们全身覆盖着一层又短又软的毛,鳍肢呈浅灰色,触须很长而且为白色,眼睛看不见东西。头6个月只吃母乳,之后开始吃一些固体性食物。

出生1年后,小海象的体重能达到刚生下来时的大约3倍。在下一年里,小海象还要和母海象待在一起,

在北哈得孙湾平静的海水里,两头海象半潜在一块浮冰上,正享受宁静的时光。尽管哈得孙湾里的海象可能是体型最小的,但是雄性的平均体重仍然达到了令人吃惊的800千克。

这个时候，它们的海底捕食本领会逐渐增长，表现出更多的独立性。在2~3岁之间，小海象就可以完全离开母海象了；有的时候，一只母海象会同时带着新出生的小海象和它的一个年龄比较大的"兄长"一起生活。

断奶之后，小海象仍然和成年雌海象待在一起，并结伴在海里巡游觅食。再过2~4年之后，雄性小海象就会离开，在冬季里组建它们自己的小群体，或是在夏季加入其他雄海象的较大群体。所有的海象种群中都存在不同程度的季节性雌雄隔离现象，但是雌雄隔离最显著的莫过于栖息在白令海至楚科奇海海域的海象。在白令海至楚科奇海海域，大多数成年雄性海象在春天会聚集在自己与雌性隔离的登陆地上，并在白令海内觅食；同时，成年雌性海象和大多数的未成年海象则向北在楚科奇海内觅食。它们的这种隔离会一直持续到夏天过后。秋天，雌海象开始向南迁徙，雄海象也迎着它们向北迁徙，在白令海峡相遇后，会结伴到白令海的繁殖地，并共同度过冬天，而未成年的雄海象则在繁殖地之外的其他地区成堆的大块浮冰上度过冬天。

在加拿大的福克斯湾是不存在上述雌雄隔离状况的，那里最常见的是雌雄混合的群体；而在加拿大更高纬度的北极区，混合型的和隔离型的海象群体都存在。年龄上的隔离和性别上的隔离主要受到食物供应量的影响，这种分隔也有利于减少成年雄性和"青年"雄性在繁殖季节的冲突；但为什么有些群体分隔得更明显，人们还不太清楚。

● 在北极地区受到的迫害

对于生活在北美、俄罗斯和格陵兰岛上极北区的土著人来说，海象现在仍然对其有重要意义，是他们的主要食物来源，也是其他生活资料的来源，就像几千年来一样。在欧洲、亚洲和北美洲的较南地区，最能引起人们兴趣的是海象洁白的"象牙"，它们是除了真正的象牙之外，在大小和质地上最好的了。

在18、19、20这三个世纪里，为了获取海象"象牙"、海象皮和海象油，来自欧洲和北美的商业捕猎活动造成了整个北极区海象种群的极度下降，导致它们几乎绝迹。北大西洋海象是第一个遭到几乎灭绝命运的海象亚种，数量下降到了极点；栖息于加拿大东部海域的海象在19世纪几乎被灭绝，斯瓦尔巴群岛海域的海象也遭到了同样的命运；大西洋其他海域的多数海象种群的数量也出现下降。

海象是多种疾病病毒的携带者和多种寄生虫的宿主。海象身上的病毒包括猫卡利西病毒和与麻疹病毒相似

↗ 在阿拉斯加外海岛屿的一处小海湾里，一群海象正在享受温暖的阳光。在阳光的照射下，雄海象的皮肤变成了粉红色。海象通常喜欢待在浮冰上休息，但如果找不到合适的浮冰，它们也会退而求其次，找一处偏远的不易被打扰的海滩休息。

的海豹瘟热病毒。科学家已经确认了几种海象常感染的病菌，这些病菌容易由长牙、眼睛和鳍肢的外伤感染。这些病菌感染对其有什么具体的影响现在还不太清楚，但是被感染的海象体质常常会变得很差，精神呆滞甚至死亡。布鲁斯氏杆菌也是科学家已知的海象易感染的一类病菌，该病菌常常造成哺乳动物生殖能力的下降。海象身上最常见的体表寄生虫是一种吸虱类虱子，而体内的寄生虫则有多种线虫和寄生棘头虫。

除了人类的原因之外，其他灾难造成的海象的自然性死亡也时常发生。人们曾经观测到几宗海象大量死亡的事件，如有几次在太平洋海象蜂拥到一处栖息地的过程中，许多头海象被其他海象踩踏而死；还有因坠落、浮冰陷阱等以及同类间的争斗而导致的受伤甚至死亡。除了人类，其他食肉动物如虎鲸和北极熊的捕食也是海象死亡的原因之一。

真海豹

一只真海豹拖着自己笨重的身躯缓缓地穿过冰面，然后敏捷地跃入海中，这是我们时常能在电视中看到的画面。尽管真海豹在陆地上缺乏灵活性，但它们在海中却身手矫健，游刃有余，能在海中下潜600米，而且能待上1个小时。

尽管海豹科的真海豹在身体上具备了极为精巧的下潜能力，但是它们仍然保留了其陆生祖先中的部分生活习性（其祖先是2500万年前的陆生哺乳动物），它们还要在陆地上或冰面上生产并养育幼崽，陆地生活仍是其生命中不能分割的一部分。

● 为潜水而生的身体

与有耳海豹不同，真海豹游泳主要是靠强而有力的后鳍肢推动。它们的后鳍肢与骨盆相连，因此"胯部"就降到了踝关节的水平，尾巴也显得不突出了。它们的脚掌又长又宽，趾间有蹼相连，在水中划水的时候非常有用，但是在陆地上的时候却变得毫无用处。它们的前鳍肢与有耳海豹也不相同，在水下前进的时候不能提供强劲的动力，较为短小，只能起到控制方向的作用，有时能帮助爬上陆地或是冰面。北方的真海豹还在脊椎上发展出了更为有力的一排肌肉，而南

知识档案

真海豹
目 鳍足目
科 海豹科
现存共13属18种。

分布 一般在南北极、亚南北极和温带海洋中，但是僧海豹则分布在地中海和夏威夷等亚热带和热带海域。

栖息地 海岸线上的固定冰、大块浮冰 及离岸很近的礁石和小岛、海滩和岩石小海湾。

体型 头尾长最短的是环斑海豹，为1.3米，最长的是雄性南象海豹，为4.2米，其他的在两者之间。体重最轻的也是环斑海豹，为68千克，最重的是雄性南象海豹，为2 200千克，其他的在两者之间。

外形 身体呈流线型；与有耳海豹不同，缺少下层绒毛；有些种类的皮肤上有不同颜色的斑点或条纹。

食性 主要捕食鱼类、甲壳类动物和头足纲动物；豹海豹还捕食企鹅和其他种类的海豹。

繁殖 怀孕期为10~11个月，其中包括2~4个月的延迟着床期；哺乳期4天至2.5个月不等。

寿命 大约25岁；野生海豹的寿命最长记录是环斑海豹的43岁和灰海豹的46岁。

极的真海豹前鳍肢则更长更灵活。

真海豹的呼吸系统和循环系统能够满足它们的两个目的：在水下待比较长的时间和下潜很深的深度。威德尔海豹就是一个卓越的下潜者，最高纪录是能够下潜600米，但与象海豹比起来就相形见绌了。下潜时间最长的纪录是由一只南象海豹创造的，达到了120分钟，而最深的下潜纪录是由一只北象海豹创造的，达到了1 500米。

还有许多更深层次的改变使得真海豹能够具有上述下潜的优势，包括影响视力的某些改变。视力是它们在水下确定猎物位置和抓住猎物的一个重要依靠，而鳍足目动物的瞳孔能够根据觅食环境中光线亮度的变化而自动调整。例如北象海豹捕食时下潜比较深，周围光线很弱，因此它们的瞳孔就变大；港海豹主要在浅海里觅食，它们的瞳孔则比较小。

从解剖学上，可以把现存的18种真海豹（海豹科）分成2个亚科，每个亚科都可以进一步分成3个不同的族。僧海豹亚科，又统称南方海豹，分成的3个不同的族为：僧海豹族，包括热带的夏威夷僧海豹和地中海僧海豹（另外一种加勒比僧海豹被宣布于1996年灭绝）；象海豹族，包括北象海豹和南象海豹；南极海豹族，包括食蟹海豹、豹海豹、罗斯海豹和威德尔海豹。海豹亚科，又统称北方海豹，分成的3个不同的族为：髯海豹族，只有一种即髯海豹；冠海豹族，也只有一种即冠海豹；海豹族，包括8种，即贝加尔环斑海豹、里海环斑海豹、灰海豹、港海豹、琴海豹、环斑海豹、斑海豹和环海豹。

尽管现在北半球和南半球高纬度地区冰冷的海水中有大量的真海豹生活着，但它们很可能只起源于温暖的海中，而现在的僧海豹仍然在这种温暖的海洋里生活。在北方海豹（海豹亚科）中，港海豹跑到很南的下加利福尼亚半岛上繁殖，灰海豹既在陆地上也在冰面上繁殖，其余的北方海豹都在冰面上繁殖。在南方海豹（僧海豹亚科）中，北象海豹和南象海豹各自分别在美国加州和墨西哥太平洋沿岸繁殖，也会在部分亚南极地区繁殖。南极海豹族的4种海豹都在冰面上繁殖，偶尔也在南极大陆南纬50~60度的陆地上繁殖（实际上该处陆地也覆盖着厚厚的冰层）。

真海豹种和种之间、同种的雌雄两性之间，在体型大小上都有比较大的不同。某些种群的环斑海豹体重只有大约45千克，而发育成熟的南象海豹体重可能是其5倍。真海豹的多数种类中，同种的雌性和雄性体型差不多，但是在僧海豹亚科中，尤其是僧海豹、豹海豹和威德尔海豹，雌性比雄性要大，而海豹亚科中的灰海豹、冠海豹以及僧海豹亚科中的象海豹雄性比雌性要大很多。这些体型比较大的雄性还拥有坚固的呈弓形的头骨以及比较突出的鼻子，可以进行恫吓性的展示。雌雄体重差异最大的是南象海豹，雄性体重可能是雌性的7倍还要多。

● 海洋中多种动物的天敌

大多数真海豹吃的食物是一些相对比较小和比较软的动物，因此，陆生食肉动物的适宜切开和磨碎食物的前臼齿和臼齿在海豹口中就变成了一排同一的牙齿，通常也只有5枚。

但即使栖息在同一处的几种真海豹，它们主要捕食的动物也是明显不同的。在鄂霍次克海和白令海，环斑海豹在固定冰或大块浮冰上繁殖，主要捕食小型鱼类和浮游类甲壳动物。而栖息在同一海域的斑海豹和环海豹则在比较小块的冰上繁殖，分别捕食浅海鱼类、深海鱼类和乌贼。髯海豹在这两片海域都有分布，但其捕食的主要物种在所有真海豹中是独一无二的，基本上只捕食在海底生活的软体动物和虾类，因此其牙齿在它们很小的时候就基本上磨没了。

在南极陆地边缘的固定冰下，威德尔海豹主要捕食鱼类；在大块浮冰下，罗斯海豹主要以捕食深海乌贼为

↙ 这是一只威德尔海豹，它正在威德尔海里灵活地游动。这种真海豹几乎是分布最靠南的哺乳动物，它们常常在南极洲海岸的固定冰上休息。它们在水下的视力极好，可以借此来捕捉它们最喜爱的猎物——鳕鱼，也可以利用它们很好的视力在冰层散射状的裂缝中间寻找呼吸孔。

生；豹海豹的食物中很大部分是其他种海豹和企鹅；食蟹海豹则通过拉紧有多个齿尖的牙齿而捕食磷虾为生。

● **各具特色的繁殖策略**

自从20世纪中期，科学家发现真海豹牙齿层次能反映它们的年龄大小这个秘密以来，科学家对它们基本的生活特征才有了比较深的了解，基本上弄清了它们的生长发育状况、繁殖特征以及成活率等等。雌性和雄性性成熟的年龄差异出人意料，体型比较小的种类，如环斑海豹和里海环斑海豹的性成熟年龄比较晚；体型比较大的南极海豹族和体型巨大的象海豹，其性成熟年龄却比较早。性早熟也许对一些种类如港海豹和环斑海豹是有害的，因为它们分散在复杂的近岸环境中，那里陆地上的（或冰面上的）掠食动物对它们的生存构成了威胁，它们必须从周围环境中学习成功繁殖后代的"技术"，而过早成熟使得它们还没有完全学习到这些技术就开始生育，必然对成功地养育下一代造成不利。尽管雌雄两性的灰海豹和象海豹也是性成熟得很早，但是雄性成熟之后还要过一些年头才进行交配，这样繁殖的后代其成活率就加大了。

虽然贝加尔环斑海豹、环斑海豹、琴海豹、港海豹和象海豹的雌性之间有许多不同之处，但它们在人类过度捕猎造成数量减少的形势下，性

↗ 尽管海豹的生理条件允许它们长时间下潜，但是长时间待在海里是要付出身体上的代价的，因此下潜之后它们需要一个比较长的恢复期，甚至恢复期比下潜的时间还要长。图中是一只琴海豹，它正从冰窟里爬上来准备休息。

成熟期都提前了。这种提前可能还与食物的增多有关，食物的增多也会导致小海豹生长发育的加快，从而提前进入成熟期。例如，雌性食蟹海豹平均生育第一胎的年龄有明显的减小，从1945年的4岁多减小到1965年的不到3岁。这很可能与同期人类对体型庞大的鲸类过度捕猎从而导致磷虾数量剧增有关，这样，主要捕食磷虾的食蟹海豹就获得了更为丰富的食物。

港海豹是所有鳍足目动物中分布最广的几种之一，从波罗的海穿过大西洋和太平洋到日本南部海域都有其踪影，个别甚至能游到好几百千米外的地方觅食。而且人们认为它们好像能记住出发地，每年都能返回同样的地方进行繁殖。通过对24个小区域的海豹线粒体DNA的研究分析，证实了这种看法。大西洋和太平洋里，甚至这两个大洋的两岸共4处的港海豹都有一些比较显著的不同之处，这4个种群的港海豹在地理上相距很远，外表形态上很不相同，并且在基因类型上也不相同。不但是相距比较远的种群在基因类型上不同，即使是相距很近的小种群在基因类型上也不同，比如苏格兰海岸和英格兰东海岸之间，或者波罗的海的东海岸与西海岸之间的港海豹小种群在基因类型上就不同。

在真海豹中，繁殖季节的确定可能是由雌性决定的，它们会选择最合适的时间，以利于幼崽的出生或者幼崽的长大。雄性常常在这个时间之前或之后的很长时间里都有交配能力，也就是说，雄性的时间不成问题。偶尔会有幼崽的出生与正常繁殖季节差了6个月的情况发生，这可能是年轻的母海豹还没有调整好自己的生育期的缘故。同一种类中大多数雌性基本上在同一时间生育，但是纬度较高地区雌性的生育时间比其他地区的稍晚一些。灰海豹在生育时间和生育地点的选择上，不同分布地很不相同；处于北美西海岸的港海豹也是如此，生育时间可能相差4个月，或许是游离到了相对不是生育季节地区的缘故。

在大块冰面上繁殖的海豹的平均哺乳期为1~2个星期，环斑海豹和贝加尔环斑海豹在固定冰上的"雪洞"里养育幼崽，其哺乳期可以达到12个星期。哺乳期长短的不同可能与养育幼崽地点的相对稳定性和幼崽受保护的力度不同有关。威德尔海豹也在海边的固定冰上生育幼崽，港海豹和僧海豹则在陆地上生育幼崽，它们的哺乳期都是5~6个星期；象海豹和灰海豹的哺乳期为3~4个星期，这可能与雄性争抢交配权的干扰有关。在哺乳期间，大多数种类的幼崽体重平均增长2.5~3.5倍，而有8~10周哺乳期的贝加尔环斑海豹，其幼崽体重能增长5.5倍。

雌海豹体内储存的脂肪会通过富含脂质的乳汁而转移到幼崽身上。琴海豹刚开始哺乳的时候，乳汁的脂肪含量大约占到23%，等到哺乳期最后阶段的时候，乳汁的脂肪含量能上升到40%以上，这一过程中主要是乳汁中水分的含量持续下降。雌海豹在哺乳期间是不进食的，减少乳汁中水的含量对维持自身体内水分的平衡具有重要作用，因此，乳汁的含水量需不断下降。

尽管处于哺乳期的雌性在生理上需要摄入营养物质，但是许多种哺乳动物，包括真海豹类、熊类和须鲸类的雌性在哺乳期间都很少进食甚至完全不进食。其中的一个原因是它们的体型都很庞大，相对于分泌出的乳汁来说，可以在体内储存更大量的脂肪和蛋白质来应付。不过如果哺乳动物在哺乳期间不进食，与哺乳期前相比体重可能下降40%。几种海豹乳汁的分泌总的来说能使体内的脂肪减少1/3，体内的蛋白质减少15%，会严重影响母海豹的体能。平均来说，南象海豹的母海豹们在产后和哺乳期间体重能下降35%，整个养育幼崽期体重能下降40%，体能的消耗水平很大部分是由母海豹产前储存的能量决定的。刚开始哺乳的时候，乳汁中含有70%的水分，但到第20天的时候乳汁中则含有半数脂质（实际上能达到

↗ 一只灰海豹正在海里捕鱼。这种海豹的猎物还包括某些无脊椎动物，如蟹类等，成年雄性灰海豹还捕食生活在海底的鱼类。由于这种海豹常捕食大马哈鱼和鳕鱼，所以有时会遭到渔民十分严酷的捕杀。

52%），而水分的比例下降到33%。北象海豹幼崽体重增加迅速，在出生后哺乳的前4个星期，它们的平均体重能从刚出生时候的42千克增加到127千克。在漫长的哺乳期（同时也是禁食期）内，母海豹们只得降低自己的新陈代谢率，以尽可能地保存体能。

某些种类在某些繁殖地内，雄海豹常常打扰母海豹，也会影响繁殖季节的长短。例如，雄灰海豹常常打扰分娩较晚的母海豹，比起在分娩高峰期生产的母海豹来说，这些分娩较晚的母海豹哺乳期约缩短22%，它们的幼崽也比体型相近但是在高峰期分

娩的母海豹的幼崽轻16％。幼崽哺乳期的缩短会导致成活概率的下降，因此，雄海豹的打扰和"折磨"会在同期的繁殖活动中产生比较大的影响。

在一些海豹中偶尔还存在一种"收养关系"，如北象海豹的一些雄性幼崽有的时候会利用母海豹的"容忍度"，从没有血缘关系的母海豹那里"偷喝"乳汁，因此，它们的体型也额外大一些。在南象海豹中，繁殖地的海滩比较大，母海豹隔离得比较分散，母海豹之间的敌意较少，母海豹与幼崽的失散情况较少发生，上述"收养关系"也较少发生。不过，体型较小也比较年轻的母海豹比起那些年龄较大体型也较大的母海豹来说，与自己幼崽失散的情况会更多。

科学家曾经观察了35对母子失散的港海豹，发现有68％的"失散"是在同一天发生的，而那一天恰有风暴"光顾"过此地，这说明天气状况是造成失散的主要原因。但是海豹幼崽具有令人吃惊的认家本领，如果被大风吹到了海里，它们也常常能够找回到自己的出生地。科学家曾经做过试验，发现75％的幼崽能成功返回到自己的家园，许多还是通过直线路径。在陆地上繁殖的几种海豹，如灰海豹，尽管常常发生母子失散的情况，但是也常常能够重新团聚。

象海豹和灰海豹在陆地上进行交配，而其他海豹则在水中进行交配。有证据表明，所有种类的真海豹都是在幼崽断奶之后甚至是在幼崽即将断奶的时候进行交配的，因此，它们的怀孕期都会持续10～11个月。但在如此长的怀孕期中，受精卵实际的发育期只有6.5～8个月，其他的时间都是延迟着床期。这种延迟着床期通过调整胎儿的发育进度，可以使得雌性在营养和生理上准备得更充分。

虽然有报道说，某些雄性真海豹在一年里只有1个固定的伴侣，但是实际上所有种类的雄性只要有机会，都会尽可能地与多个雌性进行交配。当繁殖季节来临，很多只海豹聚集在共同的繁殖地内的时候，占有优势的雄性会在繁殖地内来回巡视，并试图接近某一群特定的雌性——雄性象海豹就是如此；或者固守某一特定的区域，在那里等待要交配的雌性前来，并且那个地方将要交配的雌性可能很多——灰海豹就是如此。等待交

冠海豹不是只有一种"冠"，而是有两种不同类型的"冠"：一种是从一个鼻孔通到另一个鼻孔而能胀大的红色的气囊，另一种是在鼻腔内能够充气胀大的纯黑色的气囊。

配的雌性海豹有时会大声嚎叫，以激起雄性之间的竞争，这可能是它们对原先的配偶不满意，以此引起更强壮有力的雄性的关注，从而取代原来的配偶。尽管在种类之间和同种之内，交配行为存在很大的差异，但实际上都是只有很小一部分性成熟的雄性能够成功地获得交配权。在极端的情况下，例如在南象海豹繁殖地的海滩上，一只成功的雄性可能与超过100只的雌性交配，这意味着有很多只雄性没有获得交配权。

雄性海豹在繁殖方面具有极大的差异，甚至取得成功的雄性能在下一年再次吸引母海豹。如果一只母海豹的身体条件比较差，可能对它生出的雄性幼崽很不利，因为它们长大后可能与其他雄性相比体型比较小，因此几乎很难有与雌性交配的机会。于是，体型比较小的母海豹可能会提前终止妊娠，并重新分配自己的体能，以在下一个繁殖季节生出体型比较大的幼崽并养活它们。雌性南象海豹必须在生育第一胎前长到足够大——至少达到300千克，否则就不会参与生育；即使体型比较小的雌性（例如小于380千克）生育了幼崽，也很少生下雄性幼崽，这可能是因为雄性幼崽在出生时比雌性幼崽重14%，使得体型比较小的母海豹要付出格外大的代价，从而对以后的生育不利。

有人猜测或确定，某些种类的真海豹在繁殖的时候，把领地建在水下，并在水中进行交配。雄性威德尔海豹就是这样，它们会向同性展示自己的侵略好斗性，并努力保护自己的领地，其领地通常是在雌性聚集的大块浮冰之间的水下。雄性环斑海豹可能独占冰面上1千米范围的呼吸孔，不准其他的雄性进入，但是准许雌性进入。雄性港海豹在繁殖期间会在特殊地点的水下"唱歌"，这些特殊地点常常是吸引繁殖期的雌性光顾的水域。通过观察发现，这些在水下进行交配的海豹身上常常有咬伤，说明它们经常进行水下保卫领地的战斗。虽然食蟹海豹、灰海豹、冠海豹和斑海豹群体内会组成一个个类似家庭的组织，这些"家庭组织"由一只母海豹和其幼崽以及一只雄海豹组成，但是这些雄性不会仅仅在一旁等着雌性进入发情期，进而进行交配，而是会积极寻找其他交配对象。虽然组成"家庭组织"的这只雄海豹会保卫这只母海豹，但是一旦交配之后，雄性就会迅速离开，去寻找其他的交配对象。

成年的北象海豹一年当中会在宽阔的北太平洋中迁徙两次，总共在海洋中度过8个月的时光，游过很长的距离。科学家运用新的追踪技术发现，成群的北象海豹或者单独的个体会在繁殖期过后和换毛期过后，两次返回相同的觅食区，这是科学家第一次记录到一年中两次迁徙的动物。在这两次迁徙的过程中，北象海豹连续不停地在250~550米的水下潜游。在两次来回迁徙的250天中，雄性至少要游2.1万千米；雌性游得慢一些，需要300天，但也要游至少1.8万千米。这种超长距离的每年都要进行的迁徙，是迄今为止人类记录到的哺乳动物中唯一的例子。北象海豹一年两次的迁徙，需要它们一年登陆两次，一次为了繁殖，一次为了换毛。也就是说，北象海豹主要有3个活动区，一个是繁殖地，一个是换毛地，一个是觅食区，并且这3个地区相距遥远。为什么它们换毛非要远渡重洋到美国加州外海的海峡群岛进行，迄今还是谜。

北象海豹在海上迁徙要持续如此长的时间，在水中睡觉就是必需的。当它们在水下睡觉的时候，可以长达25分钟不用上升到海面来呼吸换气；当它们要上升到海面呼吸的时候，也不用完全清醒。

除了繁殖季节之外，科学家对其他时期的多数真海豹的社会行为研究甚少。每一种真海豹在其他时节活动的时候，可能基本上是独自行动，因为食物资源很少或者休息地很小，但是它们也可能有真正的社会沟通方式。例如在加拿大魁北克省海域活动的港海豹，当它们聚集起一大群的时候，就能减少每只海豹面临的危险，这说明它们能互相沟通，以减少危险。另外，已经断奶的小食蟹海豹也会聚在一起，以减少豹海豹对每个个体的威胁。

↗ 除了少数个体偶尔会进入与贝加尔湖相连的河流体系内，绝大多数贝加尔湖环斑海豹都集中在西伯利亚的贝加尔湖。这种海豹一年当中的某些季节会体现出很强的攻击性，如在觅食区内，夏季或春季会发生相互争斗的情况，在其他季节则比较友善。

海豚

> 从古希腊神话中救了游吟诗人阿里翁的海豚,到1993年好莱坞电影《威鲸闯天关》中那条同样非常著名的英雄虎鲸,海豚科总是引起人类极大的关注。海豚科的智慧和发达的社会组织被认为和灵长类动物相似,甚至可以和人类媲美。另外,它们的温顺友善也深受人类的喜爱。

近年来,世界以人类为中心的观点需要有所转变,例如,我们对海豚的学习能力、社交技能及它们在海中的生活了解得越多,就越会惊叹于不同的种群或种类之间为适应环境而产生的行为和社会结构的巨大差异。

● **敏捷而聪慧**

海豚科是在大约1000万年前的中新世晚期进化形成的一个相对现代的族群,它们是所有鲸类中种类最丰富和具有最大多样性的族群。

多数海豚属于小到中型动物,具有发育良好的喙和一个向后弯曲的居于身体背部正中的镰刀状背鳍。它们的头顶上方有一个新月形的呼吸孔,呼吸孔前面是凹陷的。在双颌上有彼此分离且功能不同的牙齿(牙齿的数量为10~224颗不等,大多数为100~200颗)。多数海豚都有一个额隆,但也有些种类如土库海豚的额隆并不明显,而在驼背海豚属中额隆则完全消失。花纹海豚和2种领航鲸的额隆向前突出,形成一个不明显的喙。在虎鲸和伪虎鲸中,额隆是渐缩的,形成一个很钝的喙。虎鲸还具有圆形的桨形鳍状肢,而领航鲸和伪虎鲸具有狭长的鳍状肢。

▽宽吻海豚主要生活在热带和亚热带水域中。图中的宽吻海豚明显地展示了它们这个种类所独有的特征,即短喙。宽吻海豚通常在下颌的末端有一块白色的斑块。

不同种类之间的身体颜色图案具有巨大的差异，这可以通过几种方法进行分类。一种分类方法可以分成3种类型：统一色彩图案型（图案色彩单一或分布均匀）、补缀色彩图案型（各种色彩图案之间界限分明）以及分界色彩图案型（黑色和白色）。身体颜色的差异有助于个体间彼此辨认，颜色还有助于隐蔽自身以躲避捕食者的捕杀。在光线黯淡且均一的海洋深处进行捕食的海豚其体色是同一的，而海洋表面的海豚则趋向于反向隐蔽的色彩图案（上面是暗色的，而下面是亮色的），从上面看时，它们能够融入背景中。有些种类的色彩图案可以当做反捕猎伪装，如某些种类的鞍形图案可以通过色彩反向隐蔽而获得保护，斑点图案可以和阳光在水中反射出的光斑融合在一起，而十字交叉形图案则具有反向隐蔽和混乱色彩的作用。

海豚和其他齿鲸一样，主要依靠声音进行交流，它们的声音频率很低，其范围通常从0.2kHz的低语到80～220kHz的超声波，可以通过电磁回声定位来追踪猎物，也可能用来击晕猎物。尽管海豚的声音已经被辨认并划分出不同的类型，并且这些不同的声音类型都与特定的行为有关，但目前还没有证据表明这是一种具有一定语法的语言。

知识档案

海豚

目 鲸目
科 海豚科

该科共有17个属，至少36个种类，包括：普通海豚或鞍背海豚（海豚属，3个种类）；飞旋海豚、斑点原海豚和条纹原海豚（原海豚属，5个种类）短吻海豚和白吻海豚（斑纹海豚属，5种或6种）；康氏海豚（喙头海豚属，4种）；驼背豚（白海豚属，3种）；宽吻海豚（宽吻海豚属，2种）；露脊海豚（露脊海豚属，2种）；领航鲸（领航鲸属，2种）。

分布 分布在所有的海洋中。

栖息地 通常生活在大陆架附近，但有些种类生活在外海中。

体型 头尾长从希氏海豚的1.2米到虎鲸的7米，体重范围从希氏海豚的40千克到虎鲸的4.5吨。

外形 有喙状吻（相对于鼠海豚的钝形吻）以及铲形牙齿（相对于鼠海豚的锥形牙齿）。身体细长并呈流线型。胸鳍和背鳍为镰刀形、三角形或圆形，背鳍位于身体背部的中部附近，露脊海豚没有背鳍。

食性 主要以鱼类或鱿鱼类为食，虎鲸也以其他的海洋哺乳动物和鸟类为食。

繁殖 妊娠期为10～16个月（虎鲸、伪虎鲸、领航鲸和里氏海豚的妊娠期为13～16个月，其他的种类为10～12个月）。

寿命 有的可活三四十年，各属种不尽相同。

海豚可以完成相当复杂的任务，并且具有很好的记住长距离路线的能力，尤其是当它们通过耳朵进行学习时。在有些测试中，它们与大象被划为同一级别。宽吻海豚可以归纳规律并发展出抽象概念。相对于体型而

言,海豚具有非常巨大的大脑,体重在130～200千克之间的成年宽吻海豚的大脑约有1 600克。相比之下,体重在36～90千克的人类的大脑容量为1 100～1 540克。它们同时还具有高度折叠的大脑皮层,与灵长类动物的大脑皮层相似。这些特征都被认为是高智商的标志。

大脑器官的产生需要付出高昂的代谢代价,因此除非这些器官是非常有用的,否则将不会进化。一些鲸类动物所具有的巨大大脑(并非所有的种类都具有巨大的大脑,例如须鲸的大脑就相对较小)可以被归结为几个不同的原因。一种观点认为处理声音信息比处理视觉信息需要更大的"储存"空间。另一种解释是鲸类可能在完成相同的任务时相较于陆地哺乳动物而言需要更大的大脑。第三种假设是大脑功能在群落进化中具有重要的作用,可以加深亲情,增进在捕食和防卫过程中的合作,有助于形成联

↗ 13个典型的海豚种类

1.宽吻海豚;2.皱齿海豚;3.大西洋斑纹海豚;4.大西洋斑点原海豚;5.真海豚;6.北露脊海豚;7.暗色斑纹海豚;8.大西洋驼海豚;9.瓜头鲸;10.康氏矮海豚;11.伪虎鲸;12.虎鲸;13.里氏海豚。

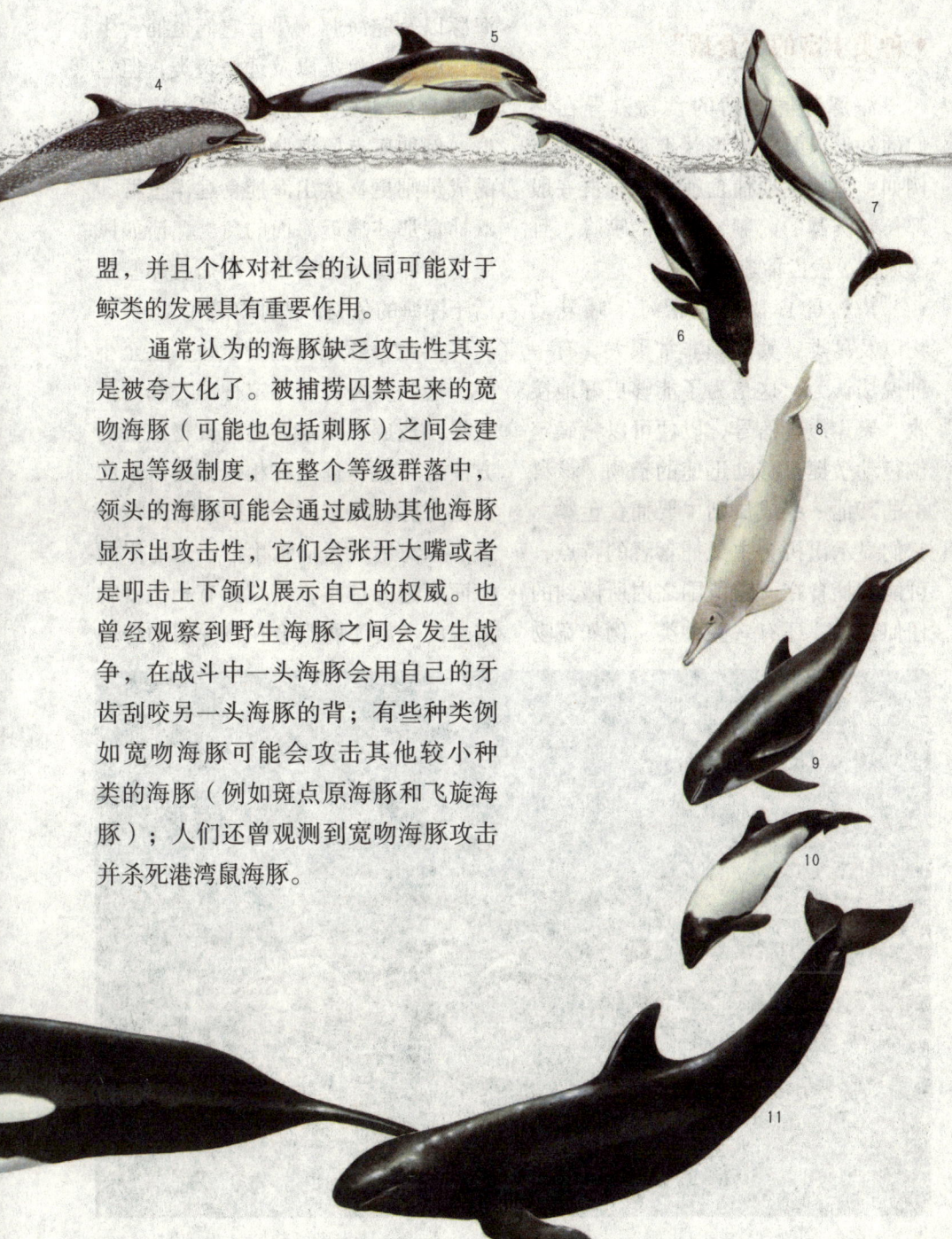

盟,并且个体对社会的认同可能对于鲸类的发展具有重要作用。

通常认为的海豚缺乏攻击性其实是被夸大化了。被捕捞囚禁起来的宽吻海豚(可能也包括刺豚)之间会建立起等级制度,在整个等级群落中,领头的海豚可能会通过威胁其他海豚显示出攻击性,它们会张开大嘴或者是叩击上下颌以展示自己的权威。也曾经观察到野生海豚之间会发生战争,在战斗中一头海豚会用自己的牙齿刮咬另一头海豚的背;有些种类例如宽吻海豚可能会攻击其他较小种类的海豚(例如斑点原海豚和飞旋海豚);人们还曾观测到宽吻海豚攻击并杀死港湾鼠海豚。

● 种类丰富的"食谱"

海豚种群之间的食物差异在它们的外形以及牙齿形状上都有体现。例如：那些主要捕食鱿鱼的种群一般都长着圆圆的前额、钝钝的嘴喙，且（通常）生齿稀疏。

虎鲸的食物还包括海生哺乳动物以及鸟类，其前额非常硕大。有一种说法认为，这是为了能够更好地接收、聚焦声音信号，以便可以精确定位行动敏捷且移动迅速的猎物。该科中的其他一些成员则主要捕食鱼类，它们显示出机会主义捕食者的特点，可能会捕食在一定范围之内所碰到的任何物种。还有一些种类，例如宽吻海豚以及驼海豚，尽管它们也捕食生活在海底的鱼类以及远海鱼类，但它们的食物主要是近海鱼类。其他种群，例如斑点原海豚属和真海豚属中的成员则更喜欢出海捕食远洋鱼群，既捕食那些靠近海面的鱼类，诸如凤尾鱼、鲱鱼、毛鳞鱼，也捕食那些生活于深海的鱼类，诸如灯笼鱼。

多数海豚偏爱捕食鱿鱼，甚至小虾。这些重叠对于界定种群之间的捕食界限造成了困难。避免食物重叠的方法之一就是远离有相似食物需求的其他海豚。在东太平洋的热带海域，斑点原海豚大量捕食生活于远海岸的海面附近的鱼类，而与其有相似食物需求的飞旋海豚则会在较深层的海域

↗ 一群南露脊海豚正在游离秘鲁海岸。这个种群有这样的俗名是因为它们像露脊鲸一样，都没有脊鳍。

捕食，这两种海豚也有可能每天都在不同的时段进食。

生活在较深海域的海豚习惯成群活动，数量可达1 000只或者更多，成员之间会协作捕食鱼群。近海岸的种群会组成较小的群落，通常为2~12只海豚，这也许是因为它们所捕食的猎物密度小。远海岸处，海豚群可以扩展绵延形成一条带子，宽20米到数千米不等。由5~25只海豚组成的小组群更喜欢并入到大的组群之中去。海豚经常沿着水下陡坡或其他地标移动，它们也能够利用潮流，以确保高效的旅程。当鱼群大量出现时，海豚会聚集起来进行捕食，也许它们有时会略显忙乱，但实际上却是在通力合作，聚集鱼群使其成为密集的团，这样海豚就可以迂回行进一口一口吞食。

无线电跟踪研究显示出海豚家族的领域大小，从宽吻海豚的125平方千米至暗色斑纹海豚的1 500平方千米，面积大小各不相同。人们目前观察到有些宽吻海豚连续繁衍的后代占据同一区域已超过了28年。而斑点原海豚一年内个体迁移距离的纪录已超过1 800千米，这对于远海种群而言，也许并不罕见。

● 群居的生活

虽然大多数种群拥有开放式的社会组织结构，个体可以在特定的时间段内随时入群、离群，但有一些种群，诸如巨头鲸和虎鲸，看起来则拥有着更为稳定的组群关系。长鳍巨头鲸的遗传数据以及短鳍巨头鲸的观测数据显示：群落主要由有亲缘关系的雌性以及它们的后代组成，但是当有交配机会时，会有一只或多只没有血缘关系的成年雄性加入到组群之中。长大的后代，不论雄性还是雌性都会与其母亲待在一起，但是成年雄性在返回其出生的群落之前，可能会游动于其他群落间进行交配。宽吻海豚群落的家庭由雄性、雌性和幼豚组成，或者由母亲——幼仔组合构成，这样就会聚合形成较大的群落。有一些海豚也许会按照性别和年龄进行分类。在宽吻海豚之中，存在强壮的雄性与雄性相结合的现象，它们的交配体系人们目前还不甚了解，但是通常都很混乱。在某些种群之中，雄性身上常见的明显伤痕说明，为了得到与雌性交配的机会，雄性与雄性之间会相互争斗。也存在"一夫多妻"的现象，但是无论处于哪种交配体系，雄性与雄性以及雄性与幼仔的联系，相对而言都是较少的。

尽管繁殖高峰通常出现在夏季的几个月中，但其性行为会贯穿整年，即使在纬度较低的地方也一样。小生命出生之后，要待在母亲身边数月，母亲要持续喂奶长达3.5年，因此很多种

➚ 搁浅的长肢领航鲸。领航鲸大量搁浅要比其他鲸类更为常见，这也可能是它们数量太多所致。

群都有至少2~3年的繁殖间隔（虎鲸和巨头鲸的繁殖间隔可能会长达7~8年）。性成熟年龄大约是5~7岁（康氏矮海豚、飞旋海豚、真海豚），雄性虎鲸要到16岁，而绝大多数种群大约会在8~12岁时进行繁殖。

很多种群为了寻找食物而进行季节性迁移；尽管这种迁移通常都是远海岸到近海岸之间的移动，但也有跨纬度的。如果繁殖区域离散，它们会变得行踪不定，它们可能会留在较深的远海岸水域，在那里来自近海岸的激流会比较少。某些种群的成年海豚与幼年海豚会游到较浅的水域，捕食聚集于暗礁和海底山周围的猎物。

虽然海豚是群居动物，但是由1 000只或更多的海豚组成的大群一般只会出现于远程迁移的时候，或出现在主要食物源的集中地。在大多数情况下，群落成员并不固定，个体可以入群或离群超过数周甚至数月的时间，仅有少数成员会长时间留在群落之中。在这种种群之中，像典型灵长类种群那样稳定且发展完备的群落组织几乎不存在，但在个别种群中（如虎鲸），家族关系则可以维系一生。在幼崽抚育以及猎物捕食方面，确定海豚相互之间的合作范围并非易事，但我们认为一些高群居性的种群中确实存在这些合作。

鼠海豚

在北美洲和欧洲北部，许多人见到的第一种鲸类就是鼠海豚，而鼠海豚当中最典型的就是港湾鼠海豚了。港湾鼠海豚第一眼看上去小小的，身形模糊，总是躲在港口或者海滩这样的有利地形内，一副随时准备逃跑的样子。我们对这些生活在近海岸的动物仍然有很多需要了解的地方，因为它们的数量可能会迅速下降，这是我们不得不关注的。

真正的鼠海豚是由鼠海豚科的动物组成的，鼠海豚科属于齿鲸亚目，是齿鲸的10个科之一。鼠海豚科又分为6个种，它们都有统一的外形和比较小的体型。鼠海豚和海豚科的真海豚关系很近，但是鼠海豚和海豚有不同的祖先，也就是说，它们在种系发生学上是不同的。鼠海豚科和海豚科是由约1000万年前的共同祖先进化而来的，但是从那时开始两个科就在生物学的许多方面朝向不同方向进化了。从其行为和解剖学上来说，鼠海豚和海豚之间的差别就像猫和狗的差别一样。

● 小而圆的身形

从解剖学上看，真正的鼠海豚体型十分统一。与其他鲸类相比，它们都非常小，鼠海豚科里面没有体长超过2.5米的。它们这种小的体型面临一个问题，就是如何在寒冷而高度导热的环境中保持体温。栖息在世界上较冷地区的港湾鼠海豚和道尔鼠海豚，依靠圆鼓鼓的身体和细小的四肢解决了这个问题，因为这样可以把体表面积减到最小，而高度隔热的鲸脂则会减少热量的损失。

如同其他齿鲸一样，鼠海豚通过一个单孔喷气孔呼吸，其喷气孔位于头骨中央稍微靠左的位置。它们的前额有标志性的额隆，里面富含油脂，位于头盖骨（半球形的前额）前部的上面，可以在回声定位的时候聚集声波。它们的尾巴横向地缩向脊骨，最极端的是道尔鼠海豚，它们的尾巴被一个明显的凹口分成了两叶。

鼠海豚有很多与海豚不同的地方。它们都没有吻突（或者叫喙），而这是大部分海豚都有的特征。除了江豚以外所有鼠海豚的背鳍都很小，呈三角形。除了道尔鼠海豚以外的所有鼠海豚的背鳍（或者江豚的背脊）

↗ 图为6种鼠海豚：1.加湾鼠海豚；2.棘鳍鼠海豚；3.江豚；4.道尔鼠海豚；5.黑眶鼠海豚；6.港湾鼠海豚。

上都有数排奇怪的隆起，位于背鳍的主边缘。鼠海豚的牙齿十分扁平，呈竹片状或铲状，不像海豚的牙齿那样为圆锥形。海豚和鼠海豚的牙齿都是用来咬住猎物的，而不是撕咬或者咀嚼，但是我们还不清楚为什么这两个科的动物会进化出不同形态的牙齿。鼠海豚头骨的前颌骨上有突出的"瘤"。成年鼠海豚的头上有很多特征显然属于幼年鼠海豚的特征，如短的喙，大而圆的脑壳，以及头盖骨缝的推迟融合。

● 河流、海滨和远洋

现代的6种鼠海豚出现在几百万年前，但就在那段相对比较短的时期内，它们为了利用各种不同的环境而产生了相应的进化。江豚分布于印度洋-太平洋地区的热带海滨，在河口以及主要河系的中心地带也有发现，包括中国的长江。港湾鼠海豚、棘鳍鼠海豚和加湾鼠海豚主要是沿海种类，后者的地理分布是所有鲸类中最狭小的，只生活在加利福尼亚湾的北部。

道尔鼠海豚和黑眶鼠海豚是远洋种类，分别主要分布于北太平洋和极地地区的南大洋。

由于海洋的温度会周期性地变化，因此许多鲸类的地理分布都会受到严重影响。这导致了血缘很近的鼠海豚被热带海域分隔在了南北回归线两边，所以那些关系很近的种类会同时存在于北半球和南半球。这是一种反赤道分布，虽然这些物种现在被分隔在两个半球的温暖海域，但是它们起源于一个共同的祖先，其中一部分的祖先是在寒冷时期穿过赤道的。比如说加湾鼠海豚，它同南美洲海域的棘鳍鼠海豚血缘更近，而不是和加利福尼亚附近沿海海域的港湾鼠海豚。有可能鼠海豚在更新世的冰河时期首先迁移到了加利福尼亚湾，然后棘鳍鼠海豚的祖先才穿过了赤道，再等到水温又回暖之后，它们就又分开了。同样，黑海的港湾鼠海豚可能就是在回暖时期被分隔的，它们的祖先是在之前的寒冷时期从大西洋穿过地中海来到黑海的。现在的地中海是没有鼠海豚的。

● **用回声定位捕猎**

所有鼠海豚的主食都是群游性小鱼。港湾鼠海豚和棘鳍鼠海豚一般吃富含油脂的鲱鱼、凤尾鱼和小海鱼，除了这些油腻的食物，它们还猎食海底的小型动物，如小鳕鱼以及类似的鱼类。港湾鼠海豚可以潜入水下200米的地方寻找猎物。幼港湾鼠海豚通过猎捕磷虾来学习觅食技巧，而磷虾是母鼠海豚所捕食的鱼类的食物。江豚也常吃甲壳类动物和乌贼。道尔鼠海豚主要吃小鱼和乌贼，这些猎物会

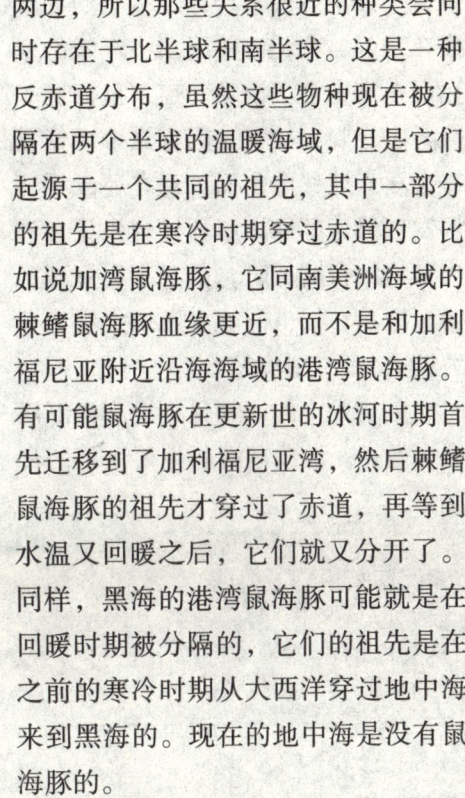

4

5

6

组成"深散射层",即许多小动物聚集在一起,会随着一天当中光线的变化而在水中上下游动。道尔鼠海豚一般集中在晚上捕猎,因为这个时候猎物会垂直地移向水面。现在还没有证据发现鼠海豚像海豚那样合作觅食,当猎物的密度低时,鼠海豚会分开觅食,但是它们也能够在发现大量集中的猎物之后迅速地集合。

关于发声的研究只在港湾鼠海豚当中做过。港湾鼠海豚主要发出两种频率的喀嚓声:一种接近2千赫,另一种在130千赫左右。关于它们怎么使用回声定位捕猎我们还不是很了解,不过捕猎过程似乎包括消极地收听(听鱼发出的声音)和积极地观察。鼠海豚不会咀嚼猎物,而是将猎物直接整个吞下去。

● **海中的"幽灵"**

一般来说,鼠海豚都很"害羞",它们并不引人注意,偶尔会单

知识档案

鼠海豚
目 鲸目
科 鼠海豚科
有3个属,6种。

分布 大多数主要的大洋。

港湾鼠海豚

分布于北大西洋和北太平洋的温暖海滨,以及波罗的海和黑海。头尾长1.4~2米;体重40~80千克。**外形** 背部有斗篷状暗灰色区域,侧面有斑点,眼旁有不明显斑纹,鳍状肢上有明显的条纹,下巴和腹部有暗色斑纹;背鳍呈三角形。上下颌牙齿各20~29颗。

棘鳍鼠海豚

分布于秘鲁到巴西的南美洲沿海。头尾长1.6~2米;体重60~100千克。**外形** 背面和侧面为统一的暗灰色,眼旁有不明显的暗斑,鳍状肢有暗色条纹,腹部为浅灰色;背鳍比较短,位于身体靠后位置。上下颌各有11~25颗牙齿。

加湾鼠海豚

分布于加利福尼亚湾北面。头尾长1.3~1.5米;体重35~50千克。**外形** 背部有斗篷状暗灰色区域,侧面为灰白色,有明显的暗色眼圈、唇斑和鳍状肢条纹,腹部为白色;背鳍比较长,为三角形。上下颌各16~22颗牙齿。

黑眶鼠海豚

分布于南大洋。头尾长1.8~2.3米;体重100~180千克。**外形** 背鳍和侧面为黑色,与白色的腹部有明显的分界线,眼旁有被白线包围的黑色斑纹,嘴唇为黑色;背鳍为三角形,成年雄性的很大。上下颌各有16~25颗牙齿。

道尔鼠海豚

分布于北太平洋。头尾长1.7~2.4米;体重100~220千克。**外形** 背部和侧面为黑色,侧面的白斑从生殖器区域延伸至背鳍或鳍状肢,尾叶和背鳍为灰白色;背鳍稍微呈钩状,成年雄性的向前弯曲。上下颌各有21~28颗牙齿。

江豚

分布于印度洋—太平洋沿海水域,从波斯湾至印度尼西亚和日本北部。头尾长1.4~2米;体重30~80千克。**外形** 浅灰色,腹部为灰白色;没有背鳍。上下颌各有12~23颗牙齿。

↗ 在苏格兰以北的设得兰群岛，一只港湾鼠海豚正在水面迅速地游动。港湾鼠海豚身体光滑，在远洋游泳很快，不过它们比其他种类的鼠海豚更容易搁浅，搁浅地点一般在大陆架斜坡上的沙滩或者泥滩上。

独或小群出现。大部分鼠海豚都很难发现，更不用说追踪了，除非是在最平静的时候才能看见它们，因此许多海滨居民并不知道它们的存在。唯一一种容易被移动的船只吸引的种类是道尔鼠海豚，它们游速很快，而且天性活泼好动，能够激起"公鸡尾巴"一般的浪花，在数百米以外都能看见。港湾鼠海豚和江豚在水面的行为更加隐秘，不过前者可以做出部分离开水面的垂直跳跃，但这仅限于它们在汹涌的海水中追捕猎物的时候。在天气平静的时候，港湾鼠海豚偶尔会躺在镜面般的水面上一动不动。加湾鼠海豚尤其"害羞"，几乎没有研究者在野外看见过它们。

鼠海豚生活在一种"分离—组合"的社会当中，它们必要的时候会聚到一起，但是没有证据能证明它们有着长期的社会联系。关于鼠海豚社会生活的许多方面还有待我们去发现。唯一的一种持久的联系是母鼠海豚与幼崽的关系。母鼠海豚和幼崽会生活在同一个群体当中，但是它们通常会被其他鼠海豚隔开。据观察，在初夏还有待在母鼠海豚身边的小鼠海豚，这说明它们断奶之后还会同母鼠海豚待一小段时间。现在还没有关于任何一种鼠海豚集体搁浅的记录，不像是拥有长期而稳定的社会关系。

儒艮和海牛

尽管海牛目与其他从未离开过水的海洋哺乳动物一样，仍有流线型身体，但它们是唯一一种主要以植物为食的种群。这种独特的食性是理解其外形进化顺序及其生命历史的关键所在，也可能是其种类稀少的原因所在。

海牛类由陆生哺乳动物进化而来，大约在6000万年以前，它们曾经在较浅的绿色古新世沼泽湿地食草。后来，这些食草动物变得越来越倾向于水栖，但它们的现代近亲大象仍然还是陆地哺乳动物。

目前的理论表明，在相对较为温暖的始新世时期（5500万~3400万年以前），现代儒艮和海牛的祖先——原海牛，曾在西大西洋与加勒比海较浅的热带水域，以广袤的海草牧场为摄食地。在全球气候变冷之后的渐新世时期（3400万~2400万年以前），海草床消失了。出现于中新世时期（2400万~500万年以前）的海牛（海牛科），喜欢吃生长在营养丰富的河流之中的淡水植物。与海草不同，这些漂浮的水草中含有无水硅酸，这是一种防御食草动物的研磨剂，会造成牙齿快速磨损。为了应付这一威慑，海牛拥有了一种不寻常的适应方法，可以使牙齿磨损的影响最小化，即在它们的一生之中，前边磨损的牙齿脱落，后边的牙齿就会取而代之。

今天，海牛目仅存有4个种类：1种儒艮和3种海牛。第5种，即斯特拉海牛（就是大海牛，也叫巨海牛）已于18世纪中期时被人类灭绝了。斯特拉海牛适应了北太平洋寒冷的海水，它们非常独特，以海藻为食。这种海藻是在海草床消失之后才变得茂盛起来的。

● **硕大、缓慢而温顺**

海牛目是非反刍类食草动物，像马和象一样，而非像羊和牛那样，没有分隔为多室的胃。它们的肠道极其长（海牛的肠道超过45米），在大肠与小肠之间还有巨大的盲肠，末端闭合且分支成对。能消化纤维素的细菌生活在消化道后部，使得这4个种类都能够消化大量的质量相对较差的草料，以便能够得到所需的足够的能量与营养。它们每天食入的草料占其体重的8%~15%。

海牛消耗的能量很少，仅会消耗

同等重量哺乳动物的1/3左右。据说海牛缓慢无力的动作会使早期的水手联想到大海中的海妖塞壬。尽管被追击时，它们能够快速移动，但是在没有人类的环境下，它们几乎没有其他的掠食者，所以速度对其无关紧要。生活在热带水域的海牛，其新陈代谢速率很慢，因为它们只会花费很少的能量来调节体温。当然，海牛相对硕大的身体也适宜保存能量。

↗ 海牛目动物只有前肢，后肢已经消失，留下了退化的骨盆带。其头部硕大，长着小眼睛以及微小的耳穴。1.斯特拉海牛长着粗糙的树皮状皮肤，已于1768年灭绝。2.亚马孙海牛正在食用漂浮植物，其圆形的尾巴在所有海牛中最为典型。3.西非海牛正在展示其唇部的坚硬刚毛，其灵活移动的唇部在所有海牛中最为典型。4.西印度海牛正在用前肢运送植物，这种海牛长有退化的指甲。5.儒艮正在展示其尾部凹陷的尾翼后缘。儒艮没有指甲，比起其他海牛，它的鼻孔位置更靠后。

知识档案

海牛目
2个科共2属4种。

分布 东非、亚洲、澳大利亚、新几内亚的热带沿海水域，北美东南部沿海、加勒比海、南美北部沿海、亚马孙河、西非沿海水域（塞内加尔至安哥拉）。

栖息地 较浅的沿海水域以及河口处。

体型 儒艮体长1~4米，海牛2.5~4.6米；儒艮体重230~900千克，海牛350~1600千克。

食性 海牛目是唯一一种在沿海水域以食用植物为生的哺乳动物。儒艮是海床食草动物，主要以海草和一些藻类为食。海牛以各种水中的漂浮植物为食，包括佛罗里达大量的水葫芦以及西非的红树林，据说西非的海牛也非常依赖河岸边生长的植物。它们还会连同植物一起咽下一些甲壳类动物，据报道它们还曾食用被鱼网困住的鱼类。

西印度海牛（或称加勒比海牛）
分布于北美东南部（佛罗里达）、加勒比海、大西洋海岸南美洲北部至巴西中部较浅的近海岸水域、河口，以及江河之中。体长3.7~4.6米，体重1600千克。皮肤：深棕色，无毛发；前肢长有退化的指甲。**繁殖** 妊娠期大概为12个月。**寿命** 人工饲养的海牛为28岁，野生的可能会更久一些。

西非海牛（或称塞内加尔海牛）
分布于西非（塞内加尔至安哥拉）。目前所知的其他细节都与西印度海牛相似。

亚马孙海牛（或称南美海牛）
分布于亚马孙河流域的漫滩湖、河道之中。体长2.5~3米，体重350~500千克。皮肤：主色调为灰色，腹部有多种粉色斑点（死后则呈白色）；前肢没有指甲。**繁殖** 妊娠期未知，但应该与西印度海牛相似。**寿命** 多于30岁。

儒艮（或称海猪）
分布于太平洋西南部，从新喀里多尼亚至越南、印度尼西亚、新几内亚、澳大利亚北海岸；印度洋从澳大利亚至红海。还栖息于沿非洲东海岸至莫桑比克沿海较浅的水域。体长1~4米，体重230~900千克。皮肤：平滑，由棕色过渡为灰色，长有间隔为2~3厘米的感觉刚毛。**繁殖** 妊娠期13个月（估计）。**寿命** 60岁左右。

海牛长着典型的海牛目动物体型，它们与儒艮的主要区别在于其硕大的、水平的、船桨形的尾巴，尾巴在其游动时上下摆动。它们只有6节颈椎，而其他所有的哺乳动物都有7节。其唇部被僵硬的鬃毛所覆盖，而且有两个强健的突起部分，用于取食时把草类和水生植物送入口中。

海牛的眼睛并不能很好地适应海洋环境，所以视力不佳。尽管海牛只长有微小的外耳开口，但它们的听觉却非常敏锐。它们对高频噪声尤为敏感，可能是为了适应浅水生活，因为在这里，低频声音的传播会受到限制。海牛以及其他海洋哺乳动物的听力也许还受到了大海的周围环境以及噪声的影响。

无法听到低频噪声，这可能是海牛无法有效探测船只并避免与之碰撞的原因。它们不用回声定位或声呐，也许在幽暗的水中会碰到障碍物；它们也没有声带。即使如此，它们确实是通过发声法在进行交流,也许是通过高音的唧唧声或吱吱声;至于它们是如何发出这些声音的,目前仍然是一个谜。

海牛舌头上长有味蕾,用于挑选食用植物;它们也能够通过辨别目标物的独特气味特征,识别出其他的个体成员。海牛与齿鲸不同,它们仍然长有嗅觉脑器官,但是因为它们大部分时间都闭合鼻管待在水下,所以这种感官可能还没有被使用过。

海牛利用它们高度发达的鼻口与嘴唇,通过触觉开拓环境。它们鬃毛状毛发的触觉分辨能力不如鳍足类动物,却比亚洲象的象鼻敏感得多。这提高了它们的食草效率,而且发挥了海牛作为全能掠食者的最大潜力。

海牛可以把大量脂肪以类似鲸脂的形式储存于皮下和肠道周围,能够在其生活环境中起到一定的保温效果。尽管如此,大西洋海牛一般会避免待在温度低于20℃的环境中。脂肪也会帮助它们度过很长的禁食期——在干旱的季节,没有水生植物可以食用时,亚马孙海牛的禁食期会长达6个月之久。

儒艮可长到3米长、400千克重。与或多或少都生活在淡水中的3种海牛

↗ 一只亚马孙海牛正在展示其极为类似海豹的弹力皮肤。亚马孙海牛是3种海牛中最小的,也是唯一只会出现在淡水环境中的一种。其他明显的特征还包括它们的前肢通常没有指甲,还有伸长的嘴。

为什么海洋里的巨型动物比陆地上要多？

1. 骨骼的强度：体型大的动物体重也相当可观，而骨骼的强度往往是有限的。体型越大，个体的骨量也要相应增加。骨量本身就影响体重。这两个问题相互影响相互制约，使得陆地上不能产生太巨大的动物。

2. 食物：食物链的能量传递效率很低，只有百分之十几。所以陆地上的大型动物都是素食主义者，直接从生产者身上摄取能量。而植物的营养比较低，这导致它们要大量进食，然而营养却并不算丰富，这直接影响了它们的体型。

3. 热量：活着的动物都要解决这个问题。各种生命活动产热量都不一样，环境和温度也不稳定。正常的生命活动都离不开酶，温度对酶的活性也有很大影响，所以产热散热要方便。体型要增大，体积成立方增加，而表面积只是平方，这样对散热相当不利。体型越大 体温控制就越困难。

限制生物体型的原因还有很多。比如空气含氧量，天敌的尺寸等等。在海洋里有些问题解决起来就比较方便，比如在海洋里动物不会摔倒，受地心引力的限制也少，食物资源丰富等等，所以海洋生物就可以比较大。

其实中生代的恐龙和两栖类体型就很巨大，持续存在了大约七千万年。气候和食物是主要因素，中生代气候温暖（比现在的气温要高），真蕨类和裸子植物十分繁盛，食物很充足，所以大体型的动物很多。当时的一些体型较小的动物被赶到高山丘陵地区，逐渐进化出了毛发，成为恒温动物。后来由于地球气温剧降，很多的植物和体型巨大的动物灭绝了，食量小，抗寒的动物存留了下来，逐渐发展成了哺乳动物。

相反，儒艮是一生都会在大海中度过的仅存的以植物为食的哺乳动物。与海牛不同，儒艮尾部的尾翼后缘很直或略微凹陷。短短宽宽的象鼻形吻部终止于朝下的灵活的圆盘部位以及裂口形的嘴部。

儒艮"咀嚼"植物时，似乎主要用其嘴部上边和下边粗糙的角状垫。由于它们所偏爱的进食方式很像猪——用鼻子从海底拱出富含碳水化合物的植物根茎，因此它们又被称为"海猪"。在澳大利亚西部的鲨鱼海湾，冬季的低温使儒艮群离开了它们的夏季进食区以及它们最喜欢的食物。它们在迁移超过160千米之后，来到了西部海湾较为温暖的水域，在冬季则食用一种像灌木的硬梗海草末端的叶子。

不论以哪种方式进食，儒艮都是用其吻部末端高度灵活的马蹄铁形圆盘部充当食草器的。在圆盘中，收缩肌横向波动会横扫上面的沉积物，而较为坚硬的鬃毛则铲起露在外面的根茎，以及所有附着在上面的叶子。一条蜿蜒曲折的平底犁沟作为儒艮路过的证据会被留在海床之上。食草的儒艮每隔40~400秒就会浮到水面进行呼吸，水越深，呼吸间隔越长。

• 孤独的幸存者

在地理分布上，4种海牛目动物极为孤立分散。儒艮的分布范围横跨40个国家，从非洲东部至瓦努阿图，包括热带与亚热带的沿海水域，以及赤道以北26°到赤道以南27°之间的岛屿周围的水域。它们的历史分布广泛，正巧和热带印度洋—太平洋海草的分布状况相一致。除澳大利亚之外，可能只有极少的儒艮幸存者分散在极大的海域之中，它们濒临灭绝甚至已经灭绝。儒艮的数量缩减及其分散程度目前还不得而知。

自从西非海牛和西印度海牛共同的祖先横越大西洋向非洲迁移以来，它们隔离了太久，因而产生出明显的区别，但它们都能够在海水和淡水中生活。在500万～180万年之前的上新世时期，安第斯山脉的上升改变了从太平洋至大西洋的水道，隔离出了亚马孙盆地，因此亚马孙海牛变得孤立了。之后，亚马孙海牛无法再适应海水，因此只占据了亚马孙河及其支流。

尽管海牛有沿着大陆边缘迁移数

↘一只儒艮为了寻找食用海草，正在巡游太平洋的浅水区。儒艮比海牛灵巧，通过尾巴的形状，可以很容易地将其同海牛区分开来：海牛的尾部呈圆形或扇形，而儒艮的尾部形状则呈V形。

千千米的能力，但基因研究表明，多数水域都存在严重的族群分隔现象。这个发现与标签追踪研究结果相一致，揭示出远海岸水域的延伸以及不适宜栖息的近海岸环境构成了基因流动与拓展的坚实壁垒。但是，在佛罗里达与巴西附近，海牛的基因相似度则大大超乎预期，这也许能够解释为其近期向高纬度区域的拓展。这片水域成年海牛的存活率较高，如果其他因素，诸如出生率和幼崽存活率也够高的话，就足以维持其种群数量的增长。但大西洋海岸不稳定的、较低的存活率应该引起重视。

● 在浅水区食草

在觅食方面，海牛目动物几乎没有竞争对手。在陆地草场上，有很多食草动物，需要对资源进行复杂的划分，但在海草牧场上，大型食草动物只有海牛和海龟。海洋植物群落的多样性少于陆地植物群落，当儒艮和海牛食用根深蒂固的水生植物时，会挖掘很深，这点毫不稀奇，因为一半以上的海草养分都在根茎处，这里集结了大量的碳水化合物。而冷血的海龟则恰恰相反，它们依靠食用海草的叶片生存，而非根茎，而且会在更深的

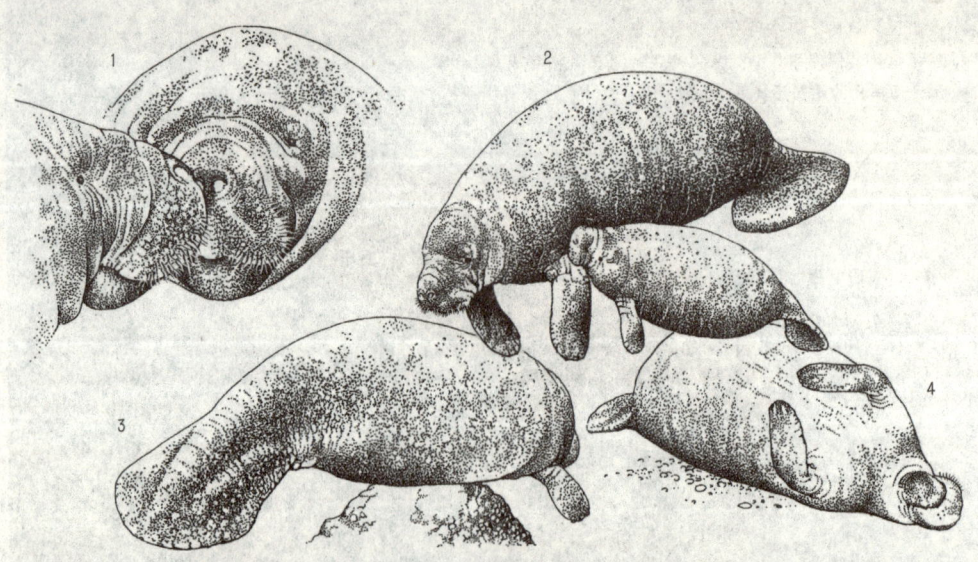

↗ 西印度海牛除了母亲—幼崽的组合（2图）之外，缺乏其他凝聚性的社会组织。其他聚集的情况主要是聚集在食物集中的地方或温暖的水域中短暂相会，例如交配和嬉戏。尽管缺乏社会群集的连续性，但海牛经常会展示其独特而简洁的社交行为，例如身体触碰，以及"接吻"（1图）。即使在独处时，海牛也可以通过"摩擦目标物"（3图）进行彼此交流，即在明显的目标物上留下气味和味道，以便其他海牛进行化学识别。大型海牛有时会采用平躺在海床上的姿势休息（4图）。

水域进食。因此，在觅食方面，即使是食草的海龟也不太可能与海牛发生激烈的竞争。

海牛类作为水生食草动物，仅吃水中或近水处的食物。它们进食时，偶尔会把头部和肩部露出水面，但它们通常只食用漂浮或淹没于水中的植物以及其他维管植物。它们也会食用海藻，但海藻并不是其食物的主要组成部分。沿海的西印度海牛和西非海牛食用的海草生长于相对较浅、较清澈的海域，它们也会进入内陆水域食用淡水植物。亚马孙海牛是水面掠食者，以漂浮的水草为食（幽暗的亚马孙河水抑制了淹没于水中的水生植物的生长）。食用水面植物的习惯也许能够解释为什么亚马孙海牛朝下的吻部短于西印度海牛和西非海牛这些水底掠食者。据观测统计，西印度海牛的食物包括44种植物以及10种海藻，但亚马孙海牛只有24种食物。

海牛所食用的多数植物都带有反食草动物的保护机制——水草长着无水硅酸骨针，而其他植物则带有丹宁酸、硝酸盐以及草酸盐，这让这些植物变得难以消化，并降低了其食用价值。不过海牛类消化道内的细菌能够化解部分化学防御。

儒艮以海草为食。海草与海藻不同，而与陆地草相似。海草生长于近海岸浅水区的底部，因此儒艮通常在

↗ 图为西印度海牛及其幼崽组成的母亲—幼崽组合，是海牛世界中最为强韧的社交纽带。海牛每隔1年会产出1只幼崽，幼崽会与母亲一起待12~18个月，用来学习选择进食区，并记住年迁移路线。

水深2~6米处进食，但人们也曾观察到深23米的海草床上儒艮留下的独特根部划痕。它们最喜爱的食物是少数海草那碳水化合物丰富的根茎。

● 母子的联结

与其他大型食草哺乳动物以及大型海洋哺乳动物一样，海牛目动物庞大的躯体需要营养与温度调节。海牛类的寿命很长（据记载，人工饲养的海牛寿命为30岁或以上）但繁殖率很低。雌性在历经大约1年的妊娠期后生

出1只幼崽，幼崽会与母亲待在一起1~2年时间，性成熟则要在4~8年之后。因此，潜在的种群增长率很低。不过，在食物源再生能力差，几乎没有任何天敌的情况下，高速繁殖也许并没有什么益处。

海牛的繁殖速度极其缓慢，通常它们每2年才会生出1只幼崽，幼崽在12~18个月时断奶。其实幼崽在出生后的数周之内就可以食用植物了，长时间的哺育期可能是为了使它们从母亲那里学习必要的迁移路线、识别食物以及更好的进食区。

在诸如亚马孙这种高度季节性的环境中，也可能在其北部和南部的分布范围之内，食物充沛就意味着该是多数雌性海牛进行交配的时候了，而这又导致了繁殖的季节性高峰期。我们对雄性海牛的繁殖生理知之甚少，但一只发情的雌性由6~8只雄性陪伴的现象并不罕见，而且其会在短时间内与其中几只雄性进行交配。通过直接观察以及无线电跟踪研究得知，海牛一般是独立行动的，但偶尔也会有12只或更多的海牛聚集成群。

我们对儒艮的行为及其生态学特征了解很少，因为对它们很难进行研究。它们所生活的水域浑浊不清，其害羞的天性也妨碍了对它们的近距离观察。当被惊扰时，它们会迅速且隐秘地逃掉；当它们浮起呼吸时，只会露出头部顶端及其鼻孔。当使用水下可视装置时，它们会谨慎地靠近，在100米或更远处探查潜水员或小船，以其极为敏锐的水下听力保持警惕。当好奇心得到满足后，便会停止常规行为，然后以令来访者眼花缭乱的Z字形线路游走。

儒艮的好奇心表明，至少对于成年儒艮而言，它们几乎没有天敌，尽管曾经有被虎鲸和鲨鱼袭击的记录。与鲸类和海豚相比，儒艮的脑部较小，结构较简单，它们拥有较强的接近欲望以及用眼睛观察目标物的行为，是由于其缺乏回声定位装置。已知的儒艮呼叫包括吱喳声、抖颤声以及哨声，用来警示危险并维持母—幼联系。硕大的体型、坚韧的皮肤、密集的骨质机构、为愈合伤口而能快速凝结的血液，这些都是成年儒艮主要

↗ 一只西印度海牛勇敢无畏地靠近摄影师，表现出所有海牛共有的好奇的特质。它们愿意近距离观察不熟悉的外来者，其原因之一是它们的视力很差。在它们的感官"兵工厂"之中，触觉与听觉是更为重要的"武器"。

↗ 在佛罗里达，一对海牛正在其最喜爱的进食区中分享食物。尽管这种大型动物并非高度社会化，但是它们可以容忍另一只同伴的加入，而不显示出攻击性，还会享受一些游戏活动，包括鼻子爱抚和"接吻"。

的防御手段。

儒艮有时会集结成大型群落，但通常都是少于12只的组群，还有很多个体成员是独立行动的。在野外，儒艮的性别是很难辨别的，但群落之中通常都会包含1对或更多的母—幼组合。在某些栖息地，60～100只强壮的儒艮会聚集成群，开拓繁茂的海草资源，通过协作吃草"犁耕"海床。

无线电标签的跟踪研究表明，儒艮习惯于定居，并把其家居范围限定在数十平方千米左右。但有时，不知为何原因，它们会做数百千米的远行。

热带环境有可能使交配期延长，可能会达4～5个月。至少在一个区域之中，雄性会集结起来一起巡逻并发出叫声。而地盘防卫性的雄性则会表演"仰卧起坐"，似乎具有展示功能。雌性在10～17岁时性成熟，并在怀孕大约13个月之后生出1只幼崽。很少能够观察到儒艮产子，但雌性可能会选择在浅水区的边缘处生产。幼崽在出生后的2年时间内，都会紧随其母亲，雌性2个前肢的腋窝处各长有一个奶头，幼崽会躺在母亲侧面吃奶；当遇到危险时，幼崽会躲在母亲背后寻求庇护。尽管雌性可以在哺乳期内再次怀孕，但出生间隔通常是3～7年。雌性儒艮可能会活到60多岁。

贝鲁卡鲸和独角鲸

> 贝鲁卡鲸和独角鲸都被称为"白鲸",它们在所有鲸类之中最为社会化。一大群引人注目的白鲸聚集于北极湾,是一种让人印象深刻的景象,然而,由数百只甚至数千只独角鲸组成的队列沿着海岸行进的场面则更令人叹为观止。白鲸在史前时期一直生活在温带海域,但现在却独占冰冷的北极水域。

独角鲸的皮肤色彩本身就非常醒目 灰绿色、乳白色、黑色的小斑点,看起来像是用硬刷轻点,绘制于其身体之上似的。更令人称奇的是,当雄性破水而出时,其著名的螺旋形长牙会露出来。它看起来不仅比例失调(体长5米的独角鲸长着3米的长牙),而且还重心偏移——长牙从左上唇以笨拙的角度伸出,然后下弯。年老的雄性更加怪异,它们的尾部看起来如同从后向前长出的一样。

● 隔热脂肪

独角鲸与贝鲁卡鲸的体型很相似,但贝鲁卡鲸稍小一些。贝鲁卡鲸的独有特征之一就是它们的颈部与大多数的鲸类不同,它们能侧向转动头部,接近直角。贝鲁卡鲸没有背鳍,因此它的学名就有"无鳍的海豚"之意,尽管其身体中部沿着背部至尾部有一条背脊。真的背鳍可能会使其身体热量流失,而且可能存在在冰面上被损伤的危险。

在这2个种群中,雄性比雌性长

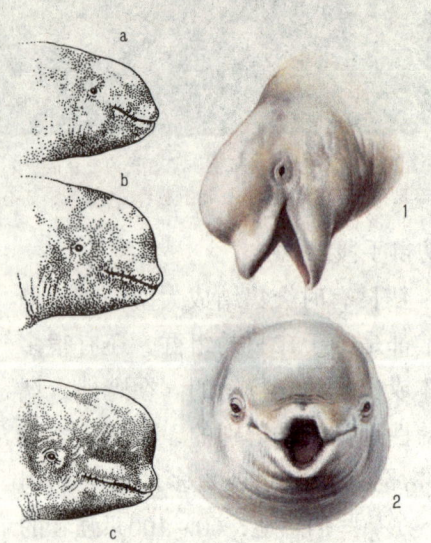

↗ 贝鲁卡鲸面部特征及表情的演变

成年贝鲁卡鲸的前额有一个非常明显的额隆,但额隆生长缓慢。图a是新生的幼仔,几乎没有额隆;图b是1岁时,额隆已经很大了,但喙状嘴还未发育;图c是成熟期,已经5~8岁。贝鲁卡鲸的嘴部和颈部非常灵活,它们经常通过声音与面部表情彼此进行交流。贝鲁卡鲸睡觉时,看上去似乎正在微笑。图1除了能发出滴答声与清脆的音调之外,贝鲁卡鲸还能通过将上下颚拍击到一起,发出很大的敲击声。贝鲁卡鲸是全能捕食者,我们相信图2中,其围裹的嘴部可用于海底觅食。

50厘米左右,它们鳍肢的末端会随着年龄的增长而越发向上翘。贝鲁卡鲸的鳍肢有在广阔领域移动的能力,而且对于近距离的移动也具有十分重要的作用,包括缓慢地倒游。当雄性独角鲸年老时,其尾部的形状会发生变化,末端会前移,不论从上看还是从下看,都呈现出一个凹陷的前缘。这2个种群都有起隔热作用的、厚厚的鲸脂层,以使身体与其所生活的接近冰点的水隔开,然而贝鲁卡鲸的鲸脂太厚了,以至于其头部(至关紧要的部位,鲸脂含量很少)看起来总是太小,与其身体不成比例。

独角鲸只有2颗牙齿,而这2颗牙齿也都没有什么实际作用。雌性的2颗牙齿会长到20厘米长,但一般不会从齿龈中露出来;对于雄性而言,左边的牙齿会继续生长,直到形成长牙。极少数的雄性(少于1%)可以长出2颗长牙,而相同比例的雌性会长出1颗

↘一只贝鲁卡鲸以及它的幼崽。哺乳大概会持续2年,这段时期,母鲸与幼崽几乎时刻不分。新生的贝鲁卡鲸皮肤颜色呈棕色,之后会逐渐变浅呈灰色。

知识档案

贝鲁卡鲸和独角鲸
目 鲸目
科 独角鲸科
2属2种。

分布 北部极地附近。
贝鲁卡鲸
分布于俄罗斯北部以及北美北部、格陵兰岛、斯瓦尔巴群岛冰冷的水域,通常靠近结冰处,在远海岸处或沿海地区,夏季位于河口处。体长3~5米,体重500~1500千克。成年雄性比雌性长25%左右,比雌性重1倍。**外形** 成年贝鲁卡鲸呈白色或淡黄色;幼年贝鲁卡鲸呈石灰色,2岁时变成中灰色,成熟后呈白色。**食性** 主要吃深海鱼类、甲壳动物、蠕虫、软体动物。**繁殖** 妊娠期大约14~15个月。**寿命** 30~40岁。

独角鲸
分布于加拿大北部以及俄罗斯、格陵兰岛、斯瓦尔巴群岛冰冷的水域,总是在海冰之中或海冰附近,主要在远海岸区域,但夏季通常在海湾与近海岸处。体长4~5米,体重800~1600千克。雄性比雌性大,雄性长牙的长度为150~300厘米。**外形** 色彩斑驳,有灰绿色、乳白色、黑色,年龄越大,变得越白(从腹部开始);幼年时则呈深灰色。**食性** 主要吃北极鳕、比目鱼、头足动物、小虾。**繁殖** 妊娠期大约14~15个月。**寿命** 30~40岁。

↗ 图为加拿大北部巴芬湾海面上的一小群独角鲸。在这种迁移之旅中，小群组合成大的群落，数量会多达2 000只，所有个体都在靠近海面处游动。而当搜寻食物时，独角鲸则会潜入深处，直到海底。

长牙。有关长牙的用途，众说纷纭，但看起来这仅仅是第二性征的标志，主要用于在社交以及繁殖活动方面建立威信。

贝鲁卡鲸能够摆出多种身体姿势以及面部表情，包括使人印象深刻的打哈欠的嘴部动作，这会露出32～40颗相互毗邻的钉状牙齿。牙齿表面可能会严重磨损，有时则严重到无法有效地咬住猎物。事实上，直到磨损后第2年或第3年，牙齿才会完全长出来，这表明，它们牙齿的主要功能也许并非捕食。贝鲁卡鲸经常会将上下颚拍击到一起，发出击鼓般的声音，此时牙齿会起一定的作用；当卖弄表演时，牙齿也有其视觉刺激效果。

与独角鲸截然不同，贝鲁卡鲸是高等有声动物，能发出哞哞声、吱喳声、哨声以及叮当声，为此，很久以前就赢得了"海洋金丝雀"的美誉。它们所发出的一些声音可以透过船体外壳轻易听到，甚至在水上就能够听到。在水下，白鲸群的喧嚣很容易使人联想到牲口棚。除了发声与回声定位的技能之外，贝鲁卡鲸还可以利用视觉进行交流及掠食。表达手段的多样化显示了其精妙的社交体系。

● **深海捕食者**

贝鲁卡鲸和独角鲸都是多样化的捕食者：贝鲁卡鲸捕食各种鱼群（包括鳕鱼），还有甲壳动物、蠕虫，有时还捕食软体动物；独角鲸则捕食头足动物、北极鳕、比目鱼，以及小虾。贝鲁卡鲸的绝大部分猎物都在500米深的海底捕获,而独角鲸虽然没有必要到海底,但也是在相似的深度捕食。这2个种群都能够潜入超过1 000米的深度,深海潜水时,正常的屏气时间是10~20分钟,但在特殊情况下,可能会超过20分钟。贝鲁卡鲸高度灵活的颈部使其视野广阔,也使声音能在海底迅速传播,而且它们能通过大力吸气和喷气产生的水流来驱赶猎物。独角鲸的牙齿对捕食毫无作用,但它们能够像贝鲁卡鲸那样"吸"食食物。雄性与无长牙的雌性食物相似,所以长牙在进食时不起任何作用。实际上,长牙也许仅仅是个阻碍,因为当独角鲸接近猎物时长牙会妨碍它们的嘴部接触到猎物。

● **迁移的鲸类**

贝鲁卡鲸和独角鲸在成长与繁殖方面可能非常相似,不过我们对贝鲁卡鲸的了解更多一些。雌性大约在5岁左右会达到性成熟,雄性则是在8岁之后,但不同的族群之间会略有差异。通过两性差异来判定,居于支配地位的雄性可能会与多只雌性进行交配。怀孕的雌性大部分是在夏季伊始、海冰开始融化之时进行分娩。许多族群会在7月占据河口处,但这并非是为了繁殖后代,因为很少有幼仔会出生在这片庇护所。它们一次通常只会生产1只幼仔,双胞胎极为罕见。生产之后,母亲与幼仔会立即结成紧密的联合体,它们挨得非常近,看起来如同

↗ 独角鲸身体所有的部分都会被使用:肉与皮肤(含有丰富的维生素C)可以食用,肌腱会被风干然后制成结实的绳索。由于独角鲸的长牙可卖出高价,从而造成了对该物种的过度捕杀。

幼仔附着在母亲的侧面或背部。母亲会哺育幼仔2年多，随后会再次怀孕。完整的繁殖周期要耗费3年甚至更久。

仲夏时节，独角鲸有时会从远海岸的浮冰处游向海湾，但其在浅水区所逗留的时间少于贝鲁卡鲸。这2个种群都极为社会化，有时会一同出现在同一片海湾，但是这种概率很小，而且通常不会导致任何明显的交际行为。它们很少单独出现，甚至很少以小组群的方式出现，所以在温暖的欧洲水域中，偶然出现的贝鲁卡鲸或独角鲸，无论其社会性还是地理性都是反常的。

数以百计或数以千计的鲸聚集成群很正常，它们经常会覆盖若干平方千米的区域。鲸群的行为呈一体化，当从空中俯瞰时，会清楚地发现鲸群包括很多较小的紧密联结的小组群，通常包含大小相似和（或）性别比例相同的鲸。

雌性与幼仔聚集在一起，成年的大型雄性聚集在一起。这些雄性群落会在一起待数个月，甚至更久。

卫星遥感侦测揭示了许多贝鲁卡鲸和独角鲸迁移的相关情况。这2个种群一年中的大部分时间都在被海冰覆盖的远海岸区域度过，但有时会在远海被称为"冰穴"的浮冰区度过。独角鲸可以整年都待在远海岸，或者在7月或8月时，到海湾处做短期逗留。大部分贝鲁卡鲸族群通常在夏季时到河口处，但个别成员不会与族群长时间待在一起。在加拿大的波弗特海，当贝鲁卡鲸向东迁移时，会在物产丰富的马更些三角洲逗留1周左右，之后再继续向更深的水域前行，这片水域对其而言是个高速加油站。在1个多月的时间内，捕猎者与观察者每天都可以在那里见到数百头鲸，事实上，在此之后还会继续有个体成员通过，整段时期会有好几万头贝鲁卡鲸经过这里。在某些区域，例如斯瓦尔巴群岛，没有河口可用，贝鲁卡鲸会转而前往冰川前沿。河口与冰川的共同之处在于：它们都是淡水的源地。在一年中的这个时候，贝鲁卡鲸会经历一次蜕皮，它们旧的黄色皮肤会脱落，露出下边新的醒目的白色皮肤。流过表皮的淡水会加速蜕皮的进程，鲸类也会通过自身与海底沙砾的摩擦加以辅助，这样蜕皮自然非常迅速。

↗ 贝鲁卡鲸如同幽灵般浮现在哈得孙湾黑暗的水中。它们前部球状的额隆用于回声定位，通常是先发出有声信号，再通过该声波的反射频率，判断距目标物的距离远近。回声定位对于在黑暗的水中行进以及搜寻猎物都至关重要。

抹香鲸

> 赫尔曼·麦尔维尔不朽的小说《莫比·迪克》，将对抹香鲸的描述推向了极致。它们是最庞大的有齿鲸，长着地球上动物中最大的脑袋，两性形态差异明显（雄性体重是雌性的3倍），也许还是动物王国所有生物之中潜水最深最远的。

很久以前，水手们都认为他们透过船只外壳所听到的间隔规律的滴答声，来自被他们称为"木工鱼"的鱼类，因为听起来就好像锤子敲击的声音。而实际上，他们所听到的正是抹香鲸发出的声音。至于"抹香鲸"这个名字，其由来是因为捕鲸者在它们硕大的前额中，发现了被称为鲸脑油的油滑物质，而这一说法又曲解了鲸脂的本意。

● 来自深海的声音

抹香鲸科的古代家族看来是在早期的鲸类进化时（大约3000万年以前），从主要的海豚总科中分离出来的。现存的唯一抹香鲸种群——抹香鲸以及比抹香鲸小很多的侏儒抹香鲸和小抹香鲸——都长着桶形的头部，长长窄窄的、长有整齐牙齿的垂吊下颚，船桨形的鳍肢，以及长在左侧的呼吸孔。小抹香鲸的出现要晚很多，大约在800万年以前。

抹香鲸呈方形的大前额长在上颚的上方、头骨的前边，占其体长的1/4～1/3。这里长着抹香鲸脑油器，一个椭圆形的结构包含在一个由结缔组织构成的外壳之中。脑油器本身与结缔组织外环绕的是稠密的鲸油——一种半流体的、光滑的油脂。气囊束缚着抹香鲸脑油器的两端，包围着抹香鲸脑油器的头骨与气道都非常不对称。两个鼻腔无论在外形上还是功能上都差异极大，左侧的用于呼吸，右侧的用于发声。

抹香鲸为什么长着如此笨拙的巨大脑壳呢？原因之一可能是有助于聚焦滴答声——滴答声的作用是在漆黑一片的深海中利用回声定位判断猎物所在。抹香鲸也会通过这种滴答声来进行交流，它们是3种抹香鲸中利用声音最多的一种。

抹香鲸棒形的下颚包含20～26对大牙齿，而侏儒抹香鲸有8～13对，小抹香鲸有10～16对。这些牙齿似乎并非用于进食，因为据发现，进食充足的抹香鲸都少有牙齿，甚至没有下颚；而且，直到抹香鲸性成熟时，牙齿才会"迸出"（长出来）。一般来说，没有一个种群的抹香鲸上颚会长牙，即使长了，牙齿通常也不会迸出。小抹香鲸科的牙齿细小，非常尖锐、弯曲，且没有釉质。

抹香鲸的皮肤除了头部与尾鳍之外，都是起皱的，形成了不规则的波浪形表面。低低的背鳍如同覆盖着一层粗糙的白色老茧，成熟的雌性尤为明显。

抹香鲸会多次潜入深海捕食，其平均深度约为400米，持续35分钟左右，尽管它们能够潜至1 000多米深，并持续1个多小时。抹香鲸在潜水间歇会浮到水面呼吸，平均呼吸时间为8分钟左右。下潜时，抹香鲸把尾鳍直直地伸在水外，身体几乎与水面垂直。

不论是雌性抹香鲸还是雄性抹香鲸，鱿鱼类都为其重要食物。雌性抹香鲸会花费约75%的时间用来进食。尽管雌性的进食量要小于雄性，但是它们偶尔也会捕食巨型鱿鱼，鱿鱼吸盘所造成的伤痕会留在它们的头部，作为水下战斗的见证。雄性抹香鲸喜欢捕食雌性吃剩的、更大型的猎物，另外，雄性还会吃相当多的鱼，包括鲨鱼和鳐鱼。

小抹香鲸和侏儒抹香鲸的头部更倾向于圆锥形，就其与整个体长的比例而言，比抹香鲸要小得多。这两个小抹香鲸种群看起来很像鲨鱼——垂

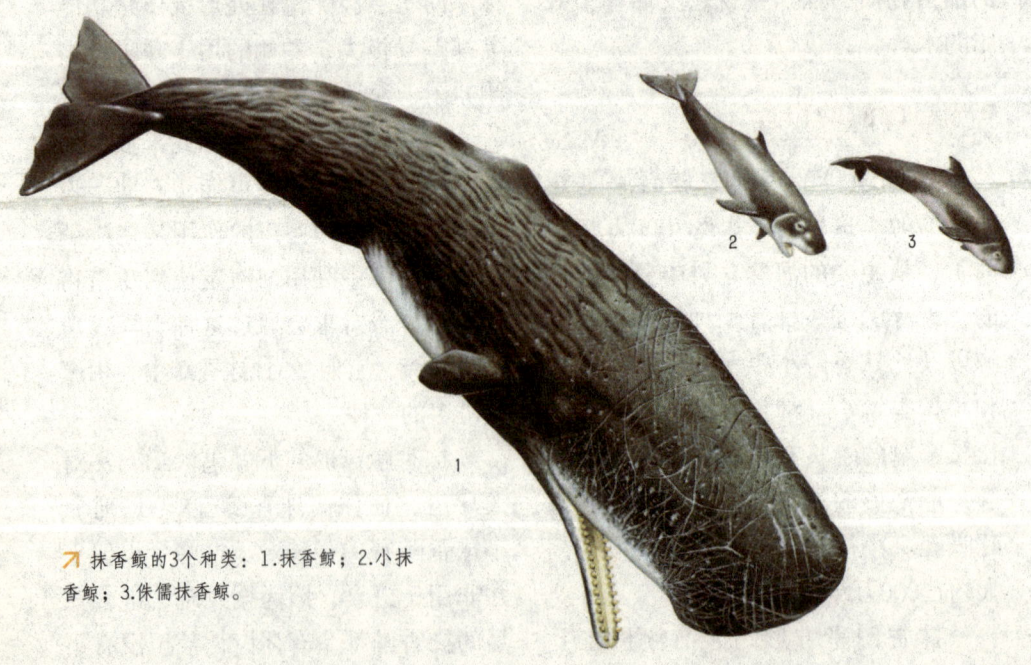

↗ 抹香鲸的3个种类：1.抹香鲸；2.小抹香鲸；3.侏儒抹香鲸。

知识档案

抹香鲸
目 鲸目
科 抹香鲸科与小抹香鲸科
2属3种。

分布 世界范围内纬度约为40°的热带水域以及温带水域,成年雄性抹香鲸分布至极地冰缘。
栖息地 主要在远离大陆架边缘的深水区(超过1000米)。其幼仔以及未成熟的小抹香鲸栖息于较浅的水域,超过大陆架外缘的近海岸水域。

抹香鲸
雄性体长16米,最长18米;雌性体长11米,最长12.5米。雄性体重45吨,最重57吨;雌性体重15吨,最重24吨。皮肤:深灰色,但是通常嘴部会有条白线,腹部有白色的斑纹;除头部与尾鳍之外,全身有褶皱。
繁殖 雌性的性成熟年龄约为9岁左右;雄性的青春期是10~20岁,但是直到接近30岁时,它们才会活跃于繁殖后代。经历14~15个月的妊娠期之后,一只幼仔会于夏季出生;抚育幼仔时间很长,哺乳期要持续2年或更久。
寿命 至少为60~70岁。

小抹香鲸
雄性体长4米,雌性最长3米。体重318~408千克。皮肤:背部呈蓝灰色,侧面的灰色较浅,腹部呈白色或粉色;头部侧面的浅色痕迹形似"弧线"或"假鳃"。**繁殖** 夏季进行交配;妊娠期为9~11个月,春季生产。幼仔出生时约1米长,需要哺育1年左右;雌性连续2年生产。**寿命** 约为17岁或更长一些。

侏儒抹香鲸
体长2.1~2.7米,体重136~272千克。皮肤:背部呈蓝灰色,侧面的灰色较浅,腹部呈白色或粉色;头部侧面长着浅色的"弧线"或"假鳃"。**繁殖** 其幼仔出生时小于小抹香鲸的幼仔。**寿命** 未知。

吊的嘴部,尖锐的牙齿,以及头部侧面类似鱼鳃裂口的弧形痕迹。因为主要捕食鱿鱼和章鱼,所以小抹香鲸种群长着扁平的吻部。由于它们还捕食深海鱼类和螃蟹,所以偶尔也会成为海底掠食者。除此之外,它们的猎食对象与抹香鲸的无异。

● **环球"航海家"**

全球很少有像抹香鲸这样分布广泛的动物,它们占据着从两极附近到赤道的所有水域。雌性与雄性在一年中的大部分时间,在地理位置上都会分开,雌性与幼仔生活在纬度低于40°的温暖水域中,而雄性则会随着其年龄的增长以及体型的增大,向更高的纬度行进。最大的雄性抹香鲸在靠近北极边缘处以及南极的浮冰区被发现。为了进行交配,雄性抹香鲸必须要迁移到雌性的生活所在地——热带区域。

基因研究表明,所有的抹香鲸族群都大体类似。线粒体DNA只能通过母体遗传,这表示在小于一个大洋海盆的范围内,不存在地理结构差异。有一半的核DNA是通过分布广泛的雄性遗传的,而核DNA更具有地理同一性,这说明在海洋中的抹香鲸族群之间，不存在明显的区别，而且无论存在什么区别都是海洋族群之间的区别。它们生活在深水中，深度通常超过1 000米，并且远离陆地，大陆架边缘看起来很适合它们。

小抹香鲸也分布于世界各地，在温带、亚热带、热带海域的深水中都可以发现小抹香鲸的踪迹。而侏儒抹香鲸则出现在较为温暖的水域。

这两类小抹香鲸种类会花费大量的时间静静地躺在水面处，露出其头部背面，而尾部则随意地悬垂。小抹香鲸胆小，且游动速度缓慢，它们绝不会游向船只，但是当其静静地躺在水面时，却很容易靠近船只。它们以缓慢的、优雅的姿态浮上水面呼吸，并不引人注目。当小抹香鲸科种类受到惊吓或遇到危险时，它们会释放出一种红棕色的肠液，以帮助它们逃离掠食者（诸如大型鲨鱼和虎鲸），这种肠液类似于章鱼释放墨汁。小抹香鲸科种类的眼睛，在光线微弱的深海中也能发挥一定的功能。

对于小抹香鲸和侏儒抹香鲸的繁殖策略，我们知之甚少。这2个种群都没有显现出性二态，这一点与性二态明显的抹香鲸截然相反。成年雄性小抹香鲸的体型看起来有其生殖优势，因此，小抹香鲸科种类可能拥有与抹香鲸迥异的交配体系。

↘ 当抹香鲸群列队向前行进时，其力量显而易见、令人瞩目。有点类似潜水艇的背部，在图中也清晰可见，右边的个体则正在展示它的斜向喷水技术。

成熟的大型雄性抹香鲸（年龄近20岁或更大时）会从极地迁移至赤道，在那里，它们徘徊于组群之间，寻找适合的雌性与其进行交配。至于雄性的往返是1年一次还是两年一次，目前还不清楚。雄性与每个组群共度的时间有所不同，数分钟至数小时不等。处于生殖期的雄性就像发情期的公象，处于"狂暴"状态，它们通常会彼此回避，但偶尔也会发生争斗，某些成年雄性头部深深的伤痕可以证明。从这些伤痕的间距来看，毫无疑问，是由其他雄性的牙齿造成的。

小抹香鲸会连续两年孕育幼仔，它们的怀孕与哺育可能会同时进行。相反，抹香鲸则每隔5年左右才会生产一次，虽然其妊娠期还不能确定，但估计是在14~15个月。雌性的繁殖率会随着其年龄的增长而下降。

● 鲸类的群体关怀

雌性抹香鲸是绝对的群居动物，它们的社交生活基于其家族群落之上，家族群落包括约12只长期在一起、血缘关系较近的雌性及其幼仔。2个或更多的群落会聚集在一起数日，组成一个约包含20头鲸的小组，这也许是为了提高捕食效率，至少是为了减少在同一片海域进食的不同群落之间的冲突。

雄性抹香鲸则正相反，当它们接近6岁时会离开其出生的群落。随着雄性年龄的增长，它们会逐渐聚集成较小的群落。成熟后的雄性与其他雄性群落组合的时间很少会持续1天以上，但是在沙滩附近，雄性则会聚集在一起，以示其社交关系没有完全消失。

其他抹香鲸为了吸引雌性抹香鲸加入，有可能会扮演保姆的角色。幼崽无法与母鲸一起潜入深水处进食，当它们被单独留在海面处时，很容易遭到鲨鱼或虎鲸的袭击，因此，组内成员会交替潜入水中，这样，水面上一直都会留有一些成年的抹香鲸。除了这些家族群落间的公共关怀之外，还存有虽然不具权威性却极为有力的证据表明雌性抹香鲸会哺育并非自己

↗"雏菊"模式：当一头抹香鲸受伤，但依然活着时，抹香鲸群落中的其他成员会将其围住，以这种援助行为表达它们的哀伤。这种援助行为曾经给它们带来过灾难，因为这样捕鲸者就可以一只接一只地把它们全部捕杀。

亲生的幼崽。

公共群落防御掠食者时，也会保护其他成年的抹香鲸。抹香鲸紧密聚集在一起，以"雏菊"的模式相互配合：它们将头部聚集于中心，身体则像花瓣一样散开。它们还会采用头朝外的阵形。前者是抹香鲸利用尾鳍进行防御的战略，后者则是利用其上下颚的防御战略。

有时，个别抹香鲸为了帮助同伴，甚至会将自己置于险境。在远离加利福尼亚的地方，人们真切地观测到这样一起事件：受到虎鲸攻击的抹香鲸为了"解救"另一只被孤立的抹香鲸，退出了相对安全的"雏菊"防御模式，而被虎鲸撕咬至重伤。

雌性抹香鲸每天都会聚集在水面处休息或社交数个小时。它们有时会以一种被称为"原木"的姿势（因为它们此时非常像固定不动的原木）平行地躺在彼此身边，或者在水中扭动旋转、翻滚或彼此触碰。它们也会表演"突跃"（从水中一跃而起）、"拍尾"（用尾鳍拍水），以及"间谍跳"（只把头部露出水面）。雌性与幼崽大约每小时会竭尽全力地表演一次"突跃"或"拍尾"。不过，"突跃"和"拍尾"却总会集结成为回合较量，经常与海面社交的开始时间或结束时间相重合。

在社交时段，抹香鲸经常会发出"暗号"（老式的、组合成串的声响，大约由3~20声滴答声组成），这很容易使人联想起莫尔斯电码，时间会持续1~2秒钟，可以把其当做是交流，或者说是个体成员之间的"对话"。所以，当一头抹香鲸发出"滴答—滴答—暂停—滴答"声时，另一头则回复"滴答—滴答—滴答—滴答—滴答"。2头抹香鲸几乎是在同时发出同样的暗号，形成了"二重奏"，听起来像是回音。雌性组群有其各不相同的指令，有将近12种通用"暗号"（"语调"），并且因地域不同而不同。暗号指令可能是其文化的传递，由母鲸以及家族群落传授给子孙后代。

更为常见的是，抹香鲸会发出间隔精确的回声定位滴答声（被称为"惯例"滴答声），每秒钟约重复2次。也有由一串滴答声所组成的指令，被称为"吱吱声"，因为将其组合到一起就变成了吱吱声。这些都被应用于社交场合对"暗号"时，或用

潜水冠军

抹香鲸是水栖哺乳动物之中的潜水冠军。据精确的声呐测量记录，它们可以下潜到1 200米的深度，人们曾在1 140米的深度发现了被电缆缠住的抹香鲸的尸体，它们可能正在那里捕食其食物的主要构成部分——生活于海底的鱿鱼。据对2头雄性抹香鲸的观察，其中一头每次潜水都会持续1~2个小时。将其捕获后，在它的胃里发现了两块生活在海底的小型鲨鱼的肉。这片海域的水深大约是3 200米，这表明抹香鲸具有惊人的潜水能力。抹香鲸能潜入海底觅食，这一事实通过在其胃中发现的各种物体得到了证实，胃中既有石头又有锡杯，这表明它们铲起了海底的泥浆。

尽管雌性抹香鲸能够潜入1 000米深超过1小时，但雄性抹香鲸才是潜得最深最远的潜水冠军。幼崽则只能潜入大约700米深，持续半个小时。雌性经常与幼年抹香鲸同游，这样它们就无法潜入到更深的水域，这可能是其潜水范围有限的原因。然而，"保育院"式的群居性及其关怀行为意味着其他雌性抹香鲸会临时哺育同伴的幼崽，这样其母亲就能够潜入更深的水域觅食，否则它将无法进食。

如果抹香鲸连潜水都是成群进行，那么它们会一直保持密切联系，几乎所有的事情都在一起做。它们很快会完成一个又深又远的潜水动作，随后，仅在2~5分钟之后，会再次潜入。经历数次长距离的潜水之后，就达到了其生理极限，这时，它们会懒洋洋地躺在水面上休息数分钟。

它们的下降速率与上升速率惊人。平均下降速率的最快纪录是170米/分钟，而上升速率是140米/分钟。抹香鲸所能表演的这些惊人技艺与其他鲸类极为相似，不同之处在于其效率更高一些。例如，抹香鲸的肌肉可以吸收身体总存氧量的50%，至少是陆生哺乳动物的2倍，而且比须鲸和海豹也要多很多。

抹香鲸的独有特征是其硕大的抹香鲸脑油器，它充满了头部上半部分的大片区域，并能够辅助其调整浮力大小。原理是：透过脑油器的鼻腔与鼻窦，能够控制油脂的升温率与降温率。油脂的恒温点为29℃，当抹香鲸从温暖的水面潜入较冷的深海时，流过脑腔的水流被用来快速降低接近体温的脑油的温度（抹香鲸的正常体温是33.5℃），于是，其脑油会凝固、收缩，从而增大了其头部的密度，这样就能辅助其下沉。上升时，则可以增加流入头部毛细血管的血液量，这样可使脑油略微升温，为疲惫的抹香鲸增加上升的浮力。

于捕猎中，也许用于导向潜在目标猎物。缓缓的滴答声响大约每6秒钟响1次，是发情期的大型雄性抹香鲸的特征。人们认为这种缓缓的滴答声响可以显示出一只发情期的雄性抹香鲸的出现及其体型和（或）健康状况，也可用于警示雄性、吸引雌性，或是暗示其他抹香鲸协助发声者进行回声定位。抹香鲸明显不同于其他社交型的有齿鲸类，后者的声音几乎全部都由滴答声组成。

小抹香鲸科则不如抹香鲸科那样社会化。小抹香鲸要么独自生活，要么在由至多6头小抹香鲸组成的小组中生活，而侏儒抹香鲸则会与由10头侏儒抹香鲸组成的小组共存。与抹香鲸截然不同，雄性侏儒抹香鲸会与雌性及其幼崽组成小组，而且也会形成未成年小组。抹香鲸中的这3个种群都很容易搁浅，尤其是小抹香鲸。事实上，很多有关小抹香鲸科的数据都是在它们搁浅时收集而来的。

↗ 一个由母鲸、雌性后代以及新生幼崽组成的家庭，正在亚速尔群岛附近同游。抹香鲸幼崽出生时，大约长4米，重1 000千克。抹香鲸幼崽1岁之后开始能吃固体食物，但哺乳仍会持续数年。

须鲸

> 在这个科中,生活着迄今为止最大的动物——庞大的蓝鲸,其体重达150吨,相当于25头重6吨的雄性非洲象的重量。须鲸科还包括一种鸣声优美且灵活轻快的鲸类——座头鲸,它们不仅能够发出奇异的宽频声音,而且还能够表演不同凡响的杂技:头朝下从水中跃出。

"须鲸"这个名字源自挪威语,其字面意思是"皱纹鲸",指的是位于嘴部后下方皮肤上的纵向折痕,这是该科的一个独有特征。很多须鲸每年都会穿越世界上众多的大洋,迁移非常远的距离,从热带的繁殖区到极地地区的进食区迁进迁出。在过去的100多年中,较大的种群一直被大量捕杀,数量因此急剧减少。

● 深海中的庞然大物

须鲸外形呈流线型,除塞鲸之外,其他种类皮肤上部都有一组凹槽或褶皱,从下颚处向下一直延伸至腹部下边的肚脐处。进食时,这些凹槽会扩展开,增大嘴部的扩展幅度。须鲸死后的照片显示其喉部松垂,这一点有助于证明,过去认为这种动物有着奇特扭曲的形象的观点实际上是一种基于特殊情形下的误解。

南半球的须鲸比北半球的须鲸要稍微大一些,而在其所有种类之中,雌性又要比雄性稍微大一些。头部占身体全长的1/4,座头鲸长有明显的中央背脊,从呼吸孔向前延伸至吻部;而布氏鲸还长有副背脊,分别位于中央背脊的两侧。所有种群的下颚都呈弓形,从吻部的末端伸出。

所有须鲸的鳍肢都如同窄窄的柳叶刀一样,除座头鲸之外,其他须鲸鳍肢的前缘上都长有圆齿,鳍肢长度接近于其体长的1/3。须鲸的背鳍位于

↗ 从后方观察,蓝鲸长着2个"鼻孔",共同构成了其呼吸孔,这点与其他须鲸相同。当蓝鲸呼气时,会从2个孔喷出一股水柱。不同种类之间,水柱的大小和形状各不相同,有经验的鲸类观察家能够利用这一点,远距离区分出不同种类的须鲸。

↗ 5种不同的须鲸种类，图为用相同的缩放比例展示的该科鲸类巨大的体型差异：1.长须鲸；2.小布氏鲸；3.蓝鲸；4.北小须鲸；5.大翅鲸。

背部非常靠后的位置。尾鳍宽厚，中间有明显的缺口，座头鲸的缺口尤为宽广。须鲸通过其头部顶端由2个呼吸孔构成的一个喷管来进行呼吸，不同的种群之间，喷管的高度和形状也各不相同。

● 遍布七大海域

蓝鲸、长须鲸、塞鲸、小须鲸以及座头鲸分布于世界上主要的海洋之中。它们的夏季时光会在极地进食区度过，冬季则会在较为温暖的繁殖区度过。当迁移时，座头鲸会紧沿着海岸，而其他须鲸则更愿意深入海洋。布氏鲸只出现在较为温暖的水域，通常会出现在大西洋、太平洋、印度洋的近海岸处。

在南半球，蓝鲸会先于长须鲸和座头鲸开始迁移，塞鲸大约在2个月之后进行迁移。在每个种群之中，由年龄和性别决定其个体成员的分布情况。年老的须鲸以及怀孕的雌性一般会先于其他须鲸进行迁移，未成熟的须鲸会紧随其后。在所有种群之中，较大较老的须鲸一般会比较年轻的须鲸更靠近极地。

与其他须鲸不同，蓝鲸与小须鲸会出现在冰川边缘处。长须鲸不去那么遥远的地方，而塞鲸的分布状况则更加远离南极。北半球的情况还不甚明了，那里的大陆形态更为复杂，洋流也更加多变。

普遍认为各种须鲸种类是根据其在世界大洋的分布情况而被划分出不同的种群，它们一般不会混种。然而遗传基因证据以及被观察的鲸类提供的信息表明仍然存在着某些混种情

况,至少在南半球与北半球之间会发生混种。虽然绝大多数种群都广泛分布在各大海洋之中,但在沿海水域进行繁殖的座头鲸更倾向于集中在进食区周围。

● 大迁移生活

蓝鲸、长须鲸、塞鲸、小须鲸以及座头鲸的生活圈与其季节性的迁移线路紧密相关。不论是在南半球还是北半球,须鲸都会于冬季时,在低纬度较为温暖的水域中进行交配,之后会向它们所钟爱的极地进食区进行迁移,在那里待3~4个月,以其食物的主要构成部分——丰富的浮游生物为食。在这次集中进食期之后,它们会再次迁移回到较为温暖的水域,在那里,雌性在交配完成10~12个月之后,会产下1只幼崽。怀孕与生产在一年中的任何时候都有可能发生,但是相对较短的繁殖高峰期则局限在3~4个月之间。

刚出生的幼崽长度大约是其母亲体长的1/3,是其母亲体重的4%~5%。在春季迁移时,幼崽会随母亲一起向极地海域游动3200千米或更远的距离。这段时间,幼崽以其母亲营养丰富的乳汁为食,须鲸乳汁的脂肪含量高达46%,而人类与奶牛的乳汁只含有3%~5%的脂肪。当幼崽含住母亲2个乳头中的1个时,母亲会借助乳腺周围的肌肉收缩,将乳汁喷入幼崽口中。由于这种高能量的饮食,幼崽的成长速度飞快,每天能长90千克之多,因此,在6~7个月之

知识档案

须鲸

目 鲸目
科 须鲸科
2个属，8种：须鲸属（7种），包括蓝鲸和长须鲸；座头鲸属只有1种，即座头鲸。

分布 所有主要的海洋。

栖息地 除了小布氏鲸与布氏鲸之外，所有种类都来回迁移，夏季到极地附近的进食区，冬季到温暖水域的繁殖区。

体型 从北小须鲸的9米长至世界上最大的鲸类——蓝鲸的27米长；体重范围为9~150吨。在须鲸的所有种类之中，雌性都要比雄性体型稍大一些。

外形 外观呈流线型，上部呈黑色或灰色，通常腹部和鳍肢下表面颜色较浅。属滤食动物，从上颚两侧向下长有250~400根鲸须。进食时，折痕或凹槽从下颚后部向下扩展到腹部。尾鳍宽厚，中间缺口明显。

食性 主要吃磷虾、桡足类动物、鱼类，食用比例各不相同。布氏鲸主要以鱼类为食，而蓝鲸则专门食用磷虾。

繁殖 主食交配10~12个月之后产出1只幼崽。大多数须鲸种群有2年的怀孕间隔。

寿命 从小须鲸的45岁到较大种类的100岁或更高龄不等。

内，蓝鲸的幼崽将会在其出生体重（2.5吨）的基础之上，再增加大约17吨的重量。幼崽在7~8个月时断奶，断奶时大约为10米长。

由于鲸类生态与人类掠夺行为的微妙交互，近几年来，须鲸的繁殖年龄已经发生了变化。出生于1930年之前的长须鲸，其性成熟年龄为10岁左右，但是后来其平均性成熟年龄则降至6岁左右。1935年之前的塞鲸，直到11岁左右时才会进行繁殖，而如今在某些地区，塞鲸7岁时就已经准备好要繁殖了。至于南小须鲸，它们的成熟年龄降幅达8年之多，从14岁降至6岁。

关于这些变化，最可信的解释是：由于鲸类的总数量骤降，个体成员因而能享受到更多的食物，这样就使得幸存者能够更快地成长。由于繁殖开始时间与其体型密切相关，成长加快则意味着在其年龄更小时，便能够达到繁殖后代所需的体型。

● 处于危险之中的巨兽

目前，须鲸的未来在很大程度上取决于近年来为保护它们所施行的禁止过度捕杀措施的成功与否。某些种群的数量呈现出增长趋势，但因为它们的出生率极低，想要完全恢复，还需要数十年的时间。如果不受干扰，在10~20年中，鲸类的种群数量可翻倍。但是，南极蓝鲸的数量大概仍然只有其原始数量的5%~10%，而且其繁殖速度并不快。

由于气候变化与污染而导致的海洋环境的恶化引起了人们越来越多的重视。虽然水温的升高似乎不会对鲸类产生什么直接的影响，因为它们的鲸脂将其与目前所处的环境隔开，

↗ 一头座头鲸令人震撼的"突跃",展示了它的两条鳍肢之一(这是所有鲸类物种之中最长的),同时在它返回水中时水花四溅。与其他种群一样,"突跃"似乎有2个主要功能:惊吓或震慑鱼群;与其他群体成员交流信息。

但是,它们赖以生存的食物,例如磷虾和鱼类,则会因为这些环境变更及洋流变化而转移。同样,极地区域臭氧层的破坏可能会使大量的紫外线辐射到水中,因而改变这片海域的物产量,而这片海域长期以来一直被鲸类当做进食区。有害化学污染物造成的直接污染,以及一些不可降解的物质,如塑料袋、塑料瓶,还有其他各种垃圾,可能会被鲸类吞食,从而导致鲸类的食道被堵塞,这应当引起重视。还有声音污染,这会严重侵扰鲸类的感官与交流能力。另外还应该加上由捕鱼用具所造成的危险,以及在日益繁忙的海洋航路中,鲸类与船只碰撞的危险。

灰鲸

> 灰鲸是所有须鲸亚目中距海岸最近的种群,常见于距海岸1千米处。因为这份对沿海水域的执著,也因为它们接近于墨西哥礁湖养殖场的人类,所以它们成为最为人们所熟知的鲸类之一。灰鲸游过加利福尼亚海岸时会引来数千人观看。

每年的秋季和春季,灰鲸会沿着北美洲的西海岸迁移,它们每年的行程是:夏季在北极水域进食,冬季在加利福尼亚州受保护的礁湖生产。灰鲸的迁移路程可能是所有哺乳动物中最远的,某些个体成员每年都要从北极的浮冰区迁至亚热带水域或更远的水域,总行程高达20 400千米。

● 巨大且被寄生

灰鲸的平均体长大约是12米,但最长能长到15米。其皮肤颜色由斑驳的深灰色至浅灰色。它们是所有鲸类之中遭寄生情况最为严重者之一,有大量的藤壶和鲸虱寄生在它们身上。藤壶主要分布在灰鲸相对较短的弓形头部上面、呼吸孔周围,以及背的前部。在灰鲸身上所发现的1种新的藤壶种群和3种新的鲸虱种群,至今为止在其他地方还尚未发现。虽然还能够见到浅色灰鲸,但其数量已经极其稀少了。

灰鲸没有背鳍,但是沿着背部的后1/3处,长有由8~9个隆起组成的背脊。灰鲸的鲸须呈白色,与其他须鲸相比更粗更短,长度从未超过38厘

↗ 图为一对灰鲸母子。与带着藤壶的年长者比起来,幼鲸的身体平坦且光滑。幼鲸通常是在12月末至来年2月初出生,出生时,体重可达到500千克,不过还没有长出抵御北极严寒所必需的鲸脂。

> **知识档案**

灰鲸
目 鲸目
科 灰鲸科
只有1属1种。

分布 东太平洋或加利福尼亚种群从下加利福尼亚州沿太平洋至白令海以及楚科奇海；西太平洋种群从韩国到鄂霍次克海。
栖息地 通常在低于100米深的沿海水域。
体型 雄性体长11.9~14.3米，雌性12.8~15.2米；雄性体重16吨，雌性（怀孕时）31~34吨。
皮肤 为斑斓的灰色，通常被大片的藤壶以及鲸虱所覆盖，没有背鳍，但在背部的后半部分有低低的背脊。有2个喉部凹槽；鲸须呈白色；有2个喷水口。
食性 主要吃生活于海底的片脚类动物以及无脊椎动物。
繁殖 妊娠期是13个月，每隔1年会生出1只幼崽。
寿命 8岁时性成熟，40岁时生理成熟；最高寿命纪录是77岁。

米，毫无疑问是在捕捉猎物时被海底沉积物拉断了，而其他鲸类的鲸须仅会被水底柱状物缠绕（参见"灰鲸的生活"）。灰鲸喉部的下方长着2个纵向的凹槽，约2米长，间隔为40厘米。这些凹槽可以在进食时扩展开口，使嘴张得更大，以便使灰鲸能够吃到更多的食物。

灰鲸迁移的速度大约是8千米/小时，但有外在压力时，它们的时速能够达到20千米。迁移的灰鲸平稳地游动，每隔3~4分钟，浮出水面呼吸3~5次。水柱粗短，2个呼吸孔同时呼吸时，水柱呈叉状。当灰鲸完成一连串的呼吸潜入水中时，尾鳍经常会露出水面。

灰鲸的声音指令包括咕噜声、脉冲声、滴答声、呻吟声，以及敲击声，在下加利福尼亚州的礁湖中，幼崽还会发出共振脉冲，以引起其母亲的注意。但是灰鲸所发出的声音并不太复杂，也不像其他鲸类所发出的声音那样具有社交价值。关于它们大部分通信信号的准确含意，目前还处于未知状态。

● 沿太平洋海岸活动

目前只有2个灰鲸种群：加利福尼亚种群和分散的西太平洋种群。灰鲸曾经栖息于北大西洋，但也许是因为捕鲸的缘故，在18世纪早期就在此消失殆尽了。

加利福尼亚灰鲸种群的幼崽冬季会待在礁湖的国家级鲸类保护区之中，夏季则待在靠近圣劳伦斯岛的白令海北部，向北穿越白令海峡抵达楚科奇海，基本到了北极浮冰区的边缘。该种群中的一小部分，夏季时会沿着北美洲海岸线，从北加利福尼亚州到达阿拉斯加州。目前已知的西太平洋唯一的现存灰鲸种群的夏季栖息地是在鄂霍次克海的库页岛附近。这个种群的数量仅有100只,在每个秋季都会向南迁移,穿越日本的东海岸和西海岸,抵达未知的繁殖区。

● 从繁殖区到捕食区

灰鲸大约在8岁时进入青春期(范围为5~11岁),此时,雄性的平均体长是11.1米,雌性则为11.7米,它们的生理完全发育成熟大约是在40岁左右。和其他须鲸一样,雌性要比雄性更大一些,可能是为了满足怀孕与哺育幼崽时较高的生理需求。雌性每隔1年会生产1次,在经历一年多的妊娠期之后,会生出一只约为4.9米长的幼崽。

灰鲸适合迁移,它们的生活史以及生态学的方方面面都反映出了这种从北极至亚热带的年迁移行为。东太平洋或加利福尼亚种群的大多数5~11月都会在北极水域度过。

北极的冬季刚刚到来时,它们的捕食区域就开始全面结冰了。这时,灰鲸会向南迁移至受保护的礁湖,而雌性则会在礁湖中生产。幼崽在5~6周之内相继出生,生产高峰大约出现在1月10日左右。幼崽刚出生时,身上的鲸脂很薄,不足以抵御冰冷的北极水域,不过会在温暖的礁湖中茁壮成长。幼崽出生后的头几个小时,其呼吸、游动都不协调,很费气力,它们

↗ 作为交配仪式的一部分,雄性灰鲸与雌性灰鲸在游动过程中会彼此爱抚。如果雌性没有拒绝雄性的示爱,就会发生飞速的交配,虽然每次仅持续10~30秒钟,但会重复进行。

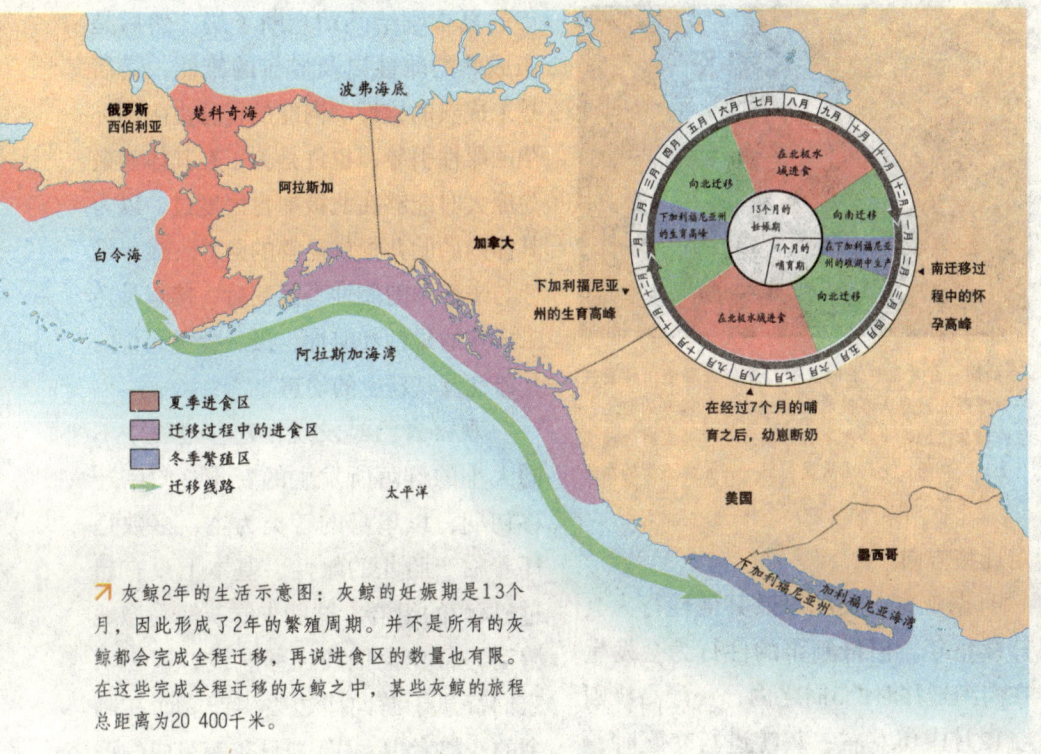

↗ 灰鲸2年的生活示意图：灰鲸的妊娠期是13个月，因此形成了2年的繁殖周期。并不是所有的灰鲸都会完成全程迁移，再说进食区的数量也有限。在这些完成全程迁移的灰鲸之中，某些灰鲸的旅程总距离为20 400千米。

的母亲有时不得不用背部或尾鳍，将幼崽撑到水面，以帮助其呼吸。幼崽的哺乳时间为7个月左右，最初是在水深有限的礁湖之中，在那里，它们会实现运动协调，也许还会形成母亲—幼崽的必要组合，以便一起向北迁移至避暑区，它们会在避暑区断奶。当幼崽到达北极时，已经将哺育其成长的母鲸的乳汁转化成了厚厚的隔热鲸脂。在礁湖以及远离南加利福尼亚州时，幼崽与母亲寸步不离，几乎"粘"在了母亲身上，但当5月下旬至6月抵达白令海时，它们都已变成了游泳能手，此时，它们会充满活力地游离母亲。

因为迁移线路紧沿海岸，所以灰鲸可以待在浅水区轻松地游动，并且始终保持陆地在其左边或右边，这取决于它们是向北迁移还是向南迁移。沿着迁移线路游动时，灰鲸经常会做出"间谍跳"。为了做出间谍跳的动作，灰鲸需要把其头部直戳出水面，然后沿着身体的水平轴线慢慢地沉落。这个动作与"突跃"不同，"突跃"是指灰鲸将其半个身子甚至更大的部分露出水面，然后向其侧面沉落，溅起巨大的水花。灰鲸的间谍跳很可能是用于观察临近的海岸，以确

如同一片片镶嵌着的宝石，藤壶成群地围绕着灰鲸的呼吸孔。绝大多数的大型鲸类都是藤壶的宿主，但灰鲸身上的寄生情况尤为严重。在这些成群的藤壶身上以及周围，生活着大量鲸虱——一种小型的灰色蜘蛛状生物，通常有2.5厘米长。

定迁移方向。

  据观察，交配以及其他性行为会持续整年，但最频繁的性行为会发生在向南迁移时的3周之内，交配高峰则在12月中旬左右。灰鲸进行交配时，会有5只甚至更多的个体成员在一起翻滚打转，但何时发生性行为则不得而知了。专家推测，这些额外的灰鲸是为了使交配对象结合在一起所必需的。如果真是这样，这可以被归为协作行为的终极实例。

  远离加利福尼亚的迁移要依据繁殖情况、性别、年龄组的不同而定。向南的迁移由雌性引导，在怀孕后期时进行，大概是为了满足其要在较为温暖的水域进行生产的生理需求；而其他灰鲸进行迁移的目的可能是为了进行与交配相关的社交行为。接下来轮到了刚刚受孕的雌性，它们在前一年的夏季刚给其幼崽断了奶。然后是未成熟的雌性以及成年的雄性，最后是未成熟的雄性。向北的迁移由刚刚怀孕的雌性引导，也许是为了在其体型最为庞大时能够在北极捕食区度过，以为其体内的胎儿提供足够的营养。成年雄性与未怀孕的雌性紧随其后，接着是还未成熟的雄性和雌性，最后缓缓而行的是雌性及其新生的幼崽。

  观察者已经发现在迁移过程中不同大小的群落所发生的变化。向南迁移初期，以单身的鲸类为主，多数是怀着临产胎儿的雌性，基本上没有超过6只鲸的组群。这些先锋灰鲸平稳地游动，很少会偏离迁移航线，这表明它们都急于游向南边去生产。而在剩余的迁移者中，以由2只灰鲸组成的群落为主，但是在迁移中途，可能在每个群落中会有11只鲸。后来迁移的这些鲸似乎很有"闲情逸致""观光游览"，尤其是在迁移接近尾声时更为明显。

  在繁殖区中，雄性与快成年的灰鲸会聚集在礁湖的湖口周围，在那里滚动、打转，发生性行为，而母亲与幼崽则会待在礁湖内侧较浅的水域。在北极，会有100只或更多的灰鲸聚集在大体相同的水域一起进食。

  某些个体成员不会完成完整的北部迁移。例如，在不列颠哥伦比亚省附近的海域，某些个体成员会在向北和向南迁移的时候待在这片区域进食8～9个月。据记载，某些灰鲸每个夏季都会回到相同的地方。与其相似的小型避暑群落会从加利福尼亚北部来到阿拉斯加。这些灰鲸群既包括雄性也包括雌性，还包括所有的年龄组，其中包括雌性及其幼崽。这种交替式的进食策略可完成全程迁移，但只有少数灰鲸能够做到，因为北白令海南部的进食区相当少，因此只能供养一小部分族群。

据了解，捕杀灰鲸的非人类掠食者只有虎鲸，人们已经观察到了数次这种袭击活动。虎鲸通常会向带着幼崽的群落发起进攻，大概是想要捕杀防御能力相对较弱的幼崽。虎鲸主要会攻击灰鲸的唇部、舌头以及尾鳍，因为这些地方最容易被咬住。在遇到危险时，成年灰鲸会把自己置于虎鲸与幼崽之间进行防御。当遇到进攻时，灰鲸会游向浅水区中布满海藻的近海岸处，而虎鲸则对是否要进入这片水域持犹豫态度。当虎鲸的声音在水下不停地回荡时，灰鲸的反应是迅速游离虎鲸或是通过进入厚厚的水藻寻求庇护。

↗ 在小灰鲸出生之初，它们的动作极不协调，有时母鲸会将其幼崽放到背上撑出水面，以帮助其呼吸；但是，当幼崽长大一点后，游到母鲸背上就变成了一种游戏。

虎鲸

> 虎鲸在海洋世界虽然凶狠残暴可它却是人类的朋友。迄今为止，世界上还没有虎鲸袭击人类的记录。相反，由于它的智力较高，人们常驯养虎鲸使之为人类服务。比如，在海滨旅游区的人们训练虎鲸供游人娱乐，当虎鲸听到召唤信号时，它会马上游到岸边让游人骑在背上到水中游弋，而后又能按指令再把人送回岸边。

虎鲸是一种大型齿鲸，身长为8~10米，体重9吨左右，背呈黑色，腹为灰白色，有一个尖尖的背鳍，背鳍弯曲长达1米，嘴巴细长，牙齿锋利，性情凶猛，食肉动物，善于进攻猎物，是企鹅、海豹等动物的天敌。有时它们还袭击其他鲸类，甚至是大白鲨，可称得上是"海上霸王"。

● 海上霸王——虎鲸

虎鲸为多配性的。在西北太平洋，多数在5~7月间进行交配。在东北太平洋，它们大多在10月至次年3月间产仔。雄性性成熟体长5.2~6.2米，雌性性成熟体长4.6~5.4米。雌性在11~16年间生产第一个可存活的仔鲸，在北太平洋记录的最小的新生仔鲸长2.28米。产仔间隔约5年。雌性约在40龄时停止产仔，其后生殖期平均约10年，可延长到30年以上。平均寿命估计达80~100年。雄性约在15龄达性成熟，平均寿命约29年，最大寿命约50~60年。

虎鲸是海豚科中体型最大的一种。虎鲸身体大小、鳍肢大小和背鳍高度有明显的性二型。雌性最大体长达7.7米，雄性体长达9米。雄性成体的背鳍直立，高可达1~1.8米，雌性的背鳍明显地镰刀形，高不及0.7米。世界上体型最大的雄性虎鲸记录是9.75米，体重9.5吨。

虎鲸体形很大，呈纺锤形，表面光滑，皮肤下面有一层很厚的脂肪用来保存身体的热量。身体上的颜色黑白分明，背部为漆黑色，只是在鳍的后面有一个马鞍形的灰白色斑，两眼的后面各有一块梭形的白斑，腹面大部分为雪白的颜色。头部较圆，没有突出的吻部，鼻孔在头顶的右侧，有开关自如的活瓣，当浮到水面上时，就打开活瓣呼吸，喷出一片泡沫状的气雾，遇到海面上的冷空气就变成了

知识档案

虎鲸
目 鲸目
科 海豚科

分布 分布于几乎所有的海洋区域。
栖息地 倾向高纬度地区和猎物充足的海域。
体型 身长为8~10米,体重9吨左右。
外形 虎鲸的体型极为粗壮,头部呈圆锥状,没有突出的嘴喙。大而高耸的背鳍位于背部中央。胸鳍大而宽阔,大致呈圆形。虎鲸的体色图样主要由黑与白这两种对比分明的色彩组成,位于身体腹面的白色区域自下颚往后延伸至肛门处,在全黑的胸鳍之间变得狭窄,到了肚脐后方产生分歧,尾鳍腹面亦为白色。背部与体侧皆为黑色。在背鳍后方有呈灰至白色的马鞍状斑纹。
食性 以须鲸、企鹅、海豹等为食。
繁殖 虎鲸全年都可以交配,雌兽每3~5年生育一次,怀孕期为1年,每胎产1仔,哺乳期也需要1年左右。
寿命 雄性虎鲸50~60年;雌性虎鲸80~100年。

一根水柱。前肢变为一对鳍,很发达,后肢退化消失。高耸于背部中央的强大的三角形背鳍,十分显眼,雄兽的可达1.5米高,既是进攻的武器,又可以起到舵的作用。嘴很大,上下颌上共有40~50枚圆锥形的大牙齿,能把一只海狮整个吞下。虎鲸成体头骨的髁基长可达1000毫米。在眶前凹前方过两前颌骨的宽小于吻突宽。两翼骨远隔开。颞窝大。下颌骨相对较短。在上、下颌每侧都有10~12枚齿,其横切面呈椭圆形,齿尖向内和向后。在一些较老的个体,齿常被磨蚀或溃烂损坏。

虎鲸是鲸类中的"语言大师",它能发出62种不同的声音,而且这些声音有着不同的含义。例如在捕食鱼类时,会出断断续续的"咋嚏"声,如同用力拉扯生锈铁门窗铰链发出的声音一样,鱼类在受到这种声音的恐吓后,行动就变得失常了。虎鲸不仅能够发射超声波,通过回声去寻找鱼群,还能够通过超声波判断鱼群的大小和游泳的方向。这种能力,对生活在海洋里的食肉动物来说是十分重要的,海水下面十分黑暗,很难在这种环境里看清远处的捕食目标。虎鲸的语言复杂而多变,幼仔要完全掌握成体的"语言",至少需要花上5年多的时间。

● **哪里有猎物哪里就有虎鲸**

虎鲸的生存环境以极地和温带海域为主。广泛分布于全世界的海域,如日本北海、冰岛。对于水温、深度等因素似乎没有明显的限制。它们在高纬度地区有相当高的栖息密度,特别是在猎物充足的海域。它们的移动情形普遍与追踪猎物或增加捕食率有关,时间通常在鱼类产卵季与海豹的生产期。到了夏天,大西洋中大多数的虎鲸都栖息于浮冰边缘或有浮冰的水道，以须鲸、企鹅、海豹等为食。它们会迁徙至何处、会移动多远，仍未有定论。部分虎鲸会终年停留于南极海域，而在北极的虎鲸则很少接近浮冰。据华盛顿州与英属哥伦比亚的虎鲸研究者指出，当地有定居型与过境型两种型态的虎鲸群，当地终年皆可发现此两种群体。部分个体有非常大的活动范围，由各地的照片辨识结果发现，有些虎鲸的活动范围自阿拉斯加一直到南方的加州。

虎鲸时常会有跃身击浪、浮窥等行为，或是以尾鳍或胸鳍拍击水面。在海湾的浅水地带，它还喜欢用尾巴上的缺刻去钩拉海藻，发出"呼呼"的声音，不久，浑身就披满了半透明的海草。虎鲸的泳速最快可达时速55公里，可闭气17分钟左右。当周遭空气凉爽时，通常可看见它们低矮而呈树枝状的喷气。虎鲸的水柱是倾斜的，又粗又矮，不像须鲸一样，又细又高。它们对船只的反应多样，冷漠忽视或是充满好奇心都有可能。偶尔会集体搁浅，群体有时会被困在潮池或海湾中。在北极与南极海域，因为风吹而快速产生的浮冰对虎鲸而言是一大麻烦，有时会因此迫使它们停留于水面狭窄的小水域里相当长的时间。

↗ 虎鲸在每侧眼的后上方各有1个白色椭圆形斑。该斑在年幼时不明显，性成熟后更显著。

● 高智商的海洋捕食者

虎鲸的食物包括鱼类、其他鲸类、鳍足类、海獭类、鸟类、爬行类和头足类。在南极采集的虎鲸的362个胃中，217个含有鱼类，75个含有小须鲸的残余，35个含有鳍足类，35个含有头足类。

虎鲸的大脑非常发达同时身体拥有强大力量，凭借这些优势，这些高智商动物能够追赶和捕杀海洋中的很多顶级捕食者。一些虎鲸家族成员的菜单上至少列出了9种鲨鱼美味，其中就包括令很多动物闻风丧胆的大白鲨和灰鲭鲨。

有时虎鲸会采取团体的方式打猎，它们利用从隆额（海豚科用来制造回音定位的部位，会将声音集中成一束）发出的超音波互相沟通和联系，并策划战术。它们也会合力将鱼群集中成一个大球，然后轮流钻入取食。猎捕海狗时，虎鲸会在满潮前观察直达海滩的裂缝沟渠，当满潮时沟渠会灌满水，并在沙滩上形成一片浅水域，此时虎鲸会沿着沟渠冲上海滩，并故意让自己搁浅，以趁机捕食海狗或海狮，有时一只虎鲸会露出大背鳍吸引海狗群的注意，这时另一只虎鲸就会悄悄地靠近捕杀海狗，当猎物脱逃时，另一只虎鲸就会冲上去接替捕食。与之类似，虎鲸有时会将腹部朝上，一动不动地漂浮在海面上，很像一具死尸，而当乌贼、海鸟、海兽等接近它的时候，就突然翻过身来，张开大嘴把它们吃掉。

有时也会用尾巴进行捕食。虎鲸会利用尾巴将鲨鱼赶出水面，整个过程中甚至不用与鲨鱼发生身体接触。借助于尾巴产生的上升力，它们能够制造一个漩涡，将鲨鱼置于其移动时形成的水流之上。一旦猎物露出水面，虎鲸便转动身体同时将尾巴伸出水面，而后像施展空手道中的掌劈一样攻击鲨鱼。将鲨鱼劈晕之后，虎鲸会抓住鲨鱼并将其翻转过来。这显然是一项令人不敢相信的策略，说明虎鲸非常了解自己的对手。在被迅速翻转倒置之后，鲨鱼进入瘫痪状态，也就是所谓的"肌肉紧张性停滞"，从此任由虎鲸宰割。

在虎鲸身上，还有其他一些攻击手法，其中就包括"围捕"，即鲸群围住一条落单的鲨鱼而后展开正面进动，或者从下方悄悄逼近，趁其不备迅速偷袭鲨鱼下腹部。通常情况下，虎鲸都会将鲨鱼翻转过来，此时的鲨鱼已经无力反击，一次成功的捕猎行为就此结束，最后要做的就是享用自己的劳动成果。

● 海洋里的母系氏族家庭

虎鲸是一种高度社会化的动物，

↗ 这是一条虎鲸和它刚出生的孩子。小鲸以母鲸的乳汁为食，生长很快，整天尾随母鲸身旁，1年后便可独立觅食了。

有一些群体组成的家族是动物界中最稳定的家族。虎鲸的一些复杂社会行为，捕猎技巧，和声音交流，被认为是虎鲸拥有自己的文化的证据。

虎鲸喜欢群居的生活，有2~3只的小群，也有40~50只的大群，每天总有2~3个小时静静地呆在水的表层，因为肺部充满了足够的空气，所以能够安然地漂浮在海面上，露出巨大的背鳍。群体成员间的胸鳍经常保持接触，显得亲热和团结。如果群体中有成员受伤，或者发生意外失去了知觉，其他成员就会前来帮助，用身体或头部连顶带托，使其能够继续漂浮在海面上，就是在睡觉时也扎成一堆，这是为了互相照应，并保持一定程度的清醒。它们在一起旅行、用食，以种群为社会组织，在广大的家庭中休息，互相依靠着生存长大。

虎鲸的社会形态是母系，只知有母亲，不知父亲交配对象的选择比较复杂，不是由雄性的力量决定一切：例如鲸群的族长有时能活到80岁，在晚年也有交配的例子，她们选择交配的对象一般是鲸群内部年长的雄性。雌鲸选择对象的标准科学家并不清楚，很少观察到交配的现场。

鲸群内没有父子关系和父女关系，雄性的责任是出去寻找食物，然后引导鲸群集体猎杀，分工明确，没有地位的高低；而母女、母子关系则非常稳定，是一辈子的关系，一般不会离群。出现孤鲸的原因一般是受伤或迷路。当族群过大时，会"分家"，产生一个新的族群。

位于华盛顿州与英属哥伦比亚的定居型虎鲸，其基本社群单位为小型母系群体，一般由2~9头血缘关系相近的虎鲸所组成，此母系群体会长期维持稳固，所有成员似乎会共同分担养育工作。几个这样的群体会共同组成一个小群，典型的小群通常包含成年、未成年的雌雄虎鲸与仔鲸，多半由最年长的雌鲸居于领导地位，而待在小群里的雄鲸通常是该雌鲸的后代。甚至有的雄性虎鲸长到9米还在小群中生活。

伪虎鲸

> 伪虎鲸，又名伪领航鲸、拟逆戟鲸。为海豚科伪虎鲸属下唯一动物，生活于世界各地暖温带至热带海域。伪虎鲸体型和虎鲸类似，因此得名，但是它们并非近亲。

伪虎鲸第一次被发现是在1846年英格兰的化石层中，科学家曾经以为这是一种已灭绝的动物，然而在1861年，一群伪虎鲸在德国搁浅才证明了这个物种的持续存在。伪虎鲸并没有成为研究人员的焦点，因此没有长期野外调查的记录。人们知道的有关伪虎鲸的事情大部分是来自搁浅的群体。而通常一搁浅，都是好几百只一起，甚至有可能造成整个群体的灭亡。它们也是相当恶名昭彰的动物，因为在渔业方面，伪虎鲸会猎杀一些高价值鱼类，如延绳钓所捕获的金枪鱼等。

● **活泼温和又爱笑**

伪虎鲸虽然长得像虎鲸，却没有虎鲸的凶猛、大胆和狡猾。反而总是一副咧着嘴笑的样子。我们可以根据体型的大小区别它和小虎鲸。此外，伪虎鲸也与雌虎鲸极为相似，不过体形比较苗条且体色较暗。从远距离看，可能会与虎鲸混淆。然而，可注意根据是否有较细长的头部与躯体，海豚般的背鳍来分辨虎鲸与伪虎鲸。

体形似虎鲸而较小，体长约5米，体重约665千克。全身的体色均为黑色。头圆，无喙，上颌比下颌略微前突。背鳍顶端后倾，后缘凹入呈镰状，位于体背中部稍前方。伪虎鲸尾鳍宽大，鳍肢很尖，鳍肢约为体长的1/10，向后显著弯曲，前缘中部凸出，末端尖。鳍肢间胸部色淡，个别于头部两侧为黑灰色。上、下颌每侧有大型尖齿8~11枚，长约8厘米。

虎鲸似乎相当罕见，却分布广泛，它们生活在除北冰洋外的世界各

↗ 与虎鲸相较而言，伪虎鲸性格温和，所捕食的猎物也比较小型。

大海洋,在我国则可见于渤海、黄海、东海、南海和台湾海域。就其巨大的体型而言,伪虎鲸乐于嬉戏,实在称得上异常活跃。虽然相信野外的伪虎鲸会捕食海豚,甚至有人见过它们攻击大翅鲸仔鲸,但是在豢养的环境中,伪虎鲸却不像其近亲小虎鲸那般富攻击性。

伪虎鲸是快速、活跃的泳者。当它浮升时,经常将整个头部与躯体的大部分扬升出水。有时甚至连胸鳍都看得见。浮现时,经常张开大口,露出成排的牙齿。有时会突然停止前进,或急转弯,尤其是在猎食时。它们会接近船只以进行探察,会船首乘浪或船尾乘浪。经常跃身击浪,通常会转体以侧身击水,造成几乎与其体型同样大的水花。兴奋时,会优雅地跃离水面,并鲸尾击浪。

伪虎鲸喜欢群居,同伴之间的眷恋性很强,很少单独活动。它们主要以乌贼类为食,也吃带鱼、小鲨鱼、鲐鱼、黑鲷、鲈鱼和竹荚鱼等。它们经常与真海豚、宽吻海豚等一起索饵。伪虎鲸可全年繁殖,但繁殖周期较长,2~3年1胎,妊娠期约15~16个月,一胎产1子。

● 揭开集体自杀之谜

伪虎鲸这种海洋中的巨兽,经常会发生"集体自杀"的行为。在世界不少地方,常发现有整群伪虎鲸都搁浅的事例,有的上百头,有的二三百头。1955年秋,在山东荣成县石岛附近,也曾有30多头伪虎鲸搁浅。一群伪虎鲸会突然纷纷横陈在海滩上,如同搁浅在岸边的一排小船,还有的把头钻到岩石缝里,鼻孔中大口大口地

↗ 伪虎鲸是快速、活跃的泳者,游泳时常全身跃出水面。

喘着粗气，经3~4个小时以后，潮水退尽时，仍然不肯离去。人们遇到这种情况时，虽然千方百计予以拯救，甚至用机帆船拖曳，但是均不奏效，被拖下海的伪虎鲸又会重新冲岸上来，没有一只逃走，直到全部毙命。

事实上，鲸类并不会有自杀的本意，更不会有意识地集体自杀，所以对于这种行为的正确说法应该是鲸类搁浅死亡。近70年来，已有超过10 000只鲸类搁浅死亡，数目最多的一次为835只，几乎包括鲸目动物的每一个种，只是伪虎鲸的发生频率要高出一些。

对于造成这种事件的原因有很多解释，有人指出鲸类搁浅的地方多为泥沙淤积的海滩，水深均为10米左右，此类地形极易造成鲸类搁浅，称为地形论。也有人认为鲸类有时是由于贪食，忘记游回深水，所以才在潮水退落时搁浅，称为摄食论，或者是鲸类因常受到寄生虫的困扰，就到海湾、河口等淡水处，摆脱掉身上的寄生虫，但往往由于海水退潮而搁浅。还有人认为由于鲸的祖先原来在陆地生活，故上岸搁浅是一种回归祖先的行为，称为返祖论。有人也发现鲸类搁浅的地方往往是磁力较低或极低的区域，当沿着磁力较低的路线前进时，就容易搁浅在海滩上，又由于磁力的作用，人们也很难将其赶回到深海中。此外，有人还指出造成鲸类搁浅可能是各

知识档案

伪虎鲸
目 鲸目
科 海豚科

分布 分布于除北冰洋外的世界各大海洋。
栖息地 通常在水深1000米以下的温暖海域，会随着季节依海洋温度的升降而南北移动。
体型 体形似虎鲸而较小，体长约5米，体重可达2吨。
外形 伪虎鲸体型细长，头部额隆向前突出，口大无吻突。背鳍顶端后倾，后缘凹入呈镰状，位于体背中部稍前方。全身黑色，鳍肢间胸部色淡，个别于头部两侧为黑灰色。
食性 以乌贼类为食，也吃带鱼、小鲨鱼、鲐鱼、黑鲷、鲈鱼和竹荚鱼等鱼类。
繁殖 可全年繁殖，一胎产1仔，哺乳期10~12个月，2年至3年产1胎。繁殖周期长，妊娠期约15~16个月。
寿命 60年。

方面因素综合作用的结果，而不是单一因素造成的，其中人类的影响也可能会起诱导作用，捕鲸者将击伤或捕获的数只驱赶到浅滩上，结果就会使更多的个体随之冲到岸上，搁浅被俘，称为"人为诱发"论。

通过对鲸的行为、解剖等方面的深入研究，生物学家证明鲸鱼是依靠声呐系统来决定其游动方向的，声呐所发脉冲信号是向上、向前，只有不时摇动头部甚至改变方向，才能完全了解四周的情况。而倾斜的海滩往往会扰乱甚至消除自表层水平方向进行

↗ 伪虎鲸通常结成10余头或数十头的群体,也有数百头的大群,喜爱群居,同伴间眷恋性很强,很少单独活动。

的音波的回响,以至于使其声呐系统出现假象,再加上迷恋追逐饵物,就会深浅莫测地陷于浅滩却不能察觉,迷失方向,一旦腹部接触到地面时,就会惊恐万分,拼命挣扎,在慌乱中冲上海滩而搁浅。

至于有的个体搁浅之后,又往往形成集体搁浅的悲惨场面,则与它的种群行为密切相关。因为鲸鱼倾向于群体活动,群中成员之间的关系都很密切,眷恋性很强,常会表现出高度的友爱行为,如果一个成员受伤,其他成员听到呼救后就会赶来,用胸鳍推着受伤者向前缓慢游去。如果发现幼仔被渔民捕获时,竟会不顾一切地向渔船冲去。如果一个成员不幸死去,其他同伴则表现得非常痛苦和难过,恋恋不舍地在它的周围徘徊。这种强烈的群体眷恋性,有时会使整个种群陷入悲惨的境地,因为只要有一条或数条同伴由于某种原因搁浅,那么其他成员就会迅速赶来救助,紧紧围绕在搁浅的同伴的周围,甚至被拖回海中的也会再次冲上浅滩,这样做的结果必然造成集体搁浅。由于伪虎鲸、虎鲸、抹香鲸等的种群眷恋行为尤为强烈,而且群体数量大,所以搁浅的概率也就更多。依据鲸的这种习性,在其搁浅时如果只将若干个体推回水中,它们会去而复返,但如能同时将整个群体互相接触着推回深水处,则可能很容易地获得成功。另外,在发现成群同伴来救援被捕者时,放归或杀死捕获的个体,使其中断求救的信号,也可能避免鲸类集体搁浅的悲剧。

鲸鲨

> 在1828年4月,鲸鲨首次被生物学家根据一只在南非塔布尔湾捕获的长4.6米的个体所确认。这条鲸鲨的特征在隔年由开普敦的英国陆军医生安祖鲁·史密斯提出。他后来在1849年公开更多有关鲸鲨的细节。"鲸鲨"这个名称是从鱼类生物学而来,换句话说,表示鲸鲨体型与鲸鱼一样庞大,而且也是一种滤食动物。

鲸鲨是须鲨目的一种,是目前世界上最大的鱼类。鲸鲨为鲸鲨科及鲸鲨属中唯一的成员。这种鲨鱼被认为大约出现在6000万年前,生活在热带和亚热带海域中,寿命大约有70年。虽然鲸鲨具有宽大的嘴,不过它们主要以小型动植物为食。

● 世界上最大的鲨鱼

鲸鲨是最大的鲨,是鱼类中最大者,通常体长在10米左右。最大个体体长达20米,体重10~15吨,为鱼类之冠。

鲸鲨拥有一个宽达1.5米的嘴巴。令人惊讶的是,它的口腔就像一个巨大的过滤器,10片滤食片上内含了300~350排细小的牙齿。牙齿数目多达几千颗,它们都是些细小的、钩状的牙齿,每一颗大约长2~3毫米,排成11~12排,排列在上下颌。鲸鲨老的牙齿会不断流血被新的牙齿取代,一年便能更换两次。倘若鲸鲨的寿命和人类相等的话,它真的称得上是牙齿最多的动物了。但是,它是否确实使用了这么多的牙齿至今还是个谜。

鲸鲨拥有5对巨大的鳃,两个小眼睛则位于扁平头部的前方,鳃裂刚好位于眼睛的后方。身体大部分都是灰色,腹部则是白色,表皮有黄白色的斑点与条纹。每条鲸鲨的斑点都是独一无二的,生物学家可以用来辨识

↗ 因为鲸鲨身上布满了密集的漂亮斑点,所以在马达加斯加,人们称鲸鲨为"marokintana"意味"繁星"。而印尼的爪哇人称鲸鲨为"geger lintang",意为"背部拥有星星的鱼"。

知识档案

鲸鲨
目 须鲨目
科 鲸鲨科

分布 热带和亚热带海域中。
栖息地 水域的中上层。
体型 身长约10~20米，体重约10~15吨。
外形 身体大部分都是灰色，腹部则是白色。身体呈圆柱状或稍纵扁，体侧隆脊明显，头扁平而宽广。
食性 以浮游生物、巨大的藻类、磷虾与小型的自游动物为食。
繁殖 鲸鲨是卵胎生，夏末秋初是鲸鲨的繁殖季节，小鱼刚出生时有40~60厘米长，一般30年才能达到性成熟。
寿命 70~100年。

不同的个体，所以也可以精准的判断鲸鲨数量。鲸鲨拥有2个背鳍，第1个背鳍比第2个背鳍还大，外观成三角形。胸鳍可以长达4.8米，尾鳍则长达2.4米，呈新月状，上半部比下半部还长。鲸鲨的皮肤厚达15厘米，可以有效抵抗其他生物攻击。

鲸鲨生活于暖温性大洋海区的中上层，主要分布在大约南北纬30度的范围内，即在热带和温带海区，在中国南海、台湾海峡、东海、黄海南部较为常见。目前认为鲸鲨主要是在远洋地区出没，而鲸鲨季节性的觅食活动偶尔会发生在几个沿岸地区。虽然鲸鲨常出现在近海，不过也曾经在沿岸、潟湖、珊瑚礁与河口发现它们的踪影。人类也曾经在700米深的海域发现过鲸鲨。

鲸鲨每年春天会迁移到西澳大利亚中部的大陆棚海域，这里的宁歌路珊瑚礁为鲸鲨提供了丰富的食物来源（浮游生物）。鲸鲨以浮游生物为主食，它们会在一些海域进行季节性的觅食活动，例如西澳大利亚宁歌路珊瑚礁、洪都拉斯、菲律宾董索与八打雁（菲律宾是世界上鲸鲨分布密度最高的地区。在每年的1月到5月之间，鲸鲨便会聚集在菲律宾索索贡的浅海岸区）、坦桑尼亚奔巴岛、马菲亚岛与桑吉巴、印度大卡吉盐沼地、墨西哥尤卡坦州穆赫雷斯岛及荷布斯岛、马达加斯加贝岛、印度尼西亚乌戎库隆国家公园等地，以色列埃拉特也有非常少数的鲸鲨聚集。

● **温和的滤食性鲨鱼**

一般来说鲸鲨的游动速度缓慢，常漂浮在水面上晒太阳。以浮游生物、甲壳类、软体动物及小鱼为食，食量不大。鲸鲨也不会攻击人。不过科学家最近意识到，鲸鲨并不像人们以前认为的那样，是一种运动迟缓的动物，事实上它们会像从高空俯冲而下的鹰一样，迅速俯身向下，潜入深水里。

鲸鲨是滤食动物，也是目前已知3种滤食鲨鱼之一，另外2种分别为巨口鲨与姥鲨。鲸鲨以浮游生物、巨大的藻类、磷虾与小型的自游动物（例如小型乌贼与脊椎动物）为食。它们的牙齿不是扮演觅食的功用，事实上它的尺寸并不大。取而代之的是：鲸鲨吸进一口水，闭上嘴巴，然后从鳃来排出水。在嘴巴关闭与鳃盖打开之间的短暂期间，浮游生物就被排列在鳃与咽喉的皮质鳞突所困住。这个类似过滤器般的器官是鳃耙的独特变异，可以阻止任何大于2~3厘米的物体通过，液体则会被排出。任何被鳃条之间的过滤器官所阻塞的物体会被鲸鲨吞下去。鲸鲨曾被观察到"咳嗽"的行为，生物学家推测这是鲸鲨在清理累积在鳃耙中的食物。

鲸鲨靠着嗅觉来攻击浮游生物或鱼类这些目标。鲸鲨在觅食时不需要向前游泳，它们经常被观察到上下摆动着来吸入海水与排出它来得到食物。这与姥鲨完全相反，它们是温和的滤食者而且并不会吸入海水，它们靠着游泳迫使海水通过鳃。

鲸鲨经常被科学家用来教育社会大众，不是所有的鲨鱼都会"吃人"。确实，鲸鲨的个性是相当温和的，它们甚至会与潜水人员嬉戏。有一项未经证实的报告指出，鲸鲨会保持静止，将身体倒反来让潜水人员清理腹部的寄生生物。潜水人员可以与这种巨大的鱼类一同游泳而不会遭受任何危险，当然，除了会被鲸鲨巨大

↗ 虽然体型庞大，样子吓人，但鲸鲨性情却很温和。所以当人们用来论证"不是所有鲨鱼都吃人"时，常常把鲸鲨拿出来举例。

了不起的动物世界

▲ 鲸鲨的大嘴是一个神奇的过滤器。

鲨生长到40~60厘米后才释出体外,这显示出幼鲨并非全部同时出生。雌鲨会将精液保存下来,然后在一段长期时间中稳定的繁殖出幼鲨。生物学家认为鲸鲨会在30岁左右达到性成熟,它们的寿命可以达到70~100年。

夏末初秋是鲸鲨的繁殖季节。在多台风的季节,洋流北上,这些鲸鲨会跟着洋流向北移动,在整个繁殖过程中,它们都会成双成对在一起。雄鲸鲨会一直保护着雌鲸鲨,雌鲸鲨也会一直依偎在雄鲸鲨左右。如果其中一只走失或被人捕获,另一只就会在失散地附近一直寻找。因此人们通常很容易连续捕到两条鲸鲨"情侣"。

鲸鲨几乎没有天敌,人类捕捞是其数量减少的一个主要原因。鲸鲨在几个季节性聚集的地区是水产业的目标之一。东南亚特别是台湾地区是鲸鲨主要捕捞区,捕捞上来的鲸鲨主要食用其肉质,有时也会将它的鳍割下以制作鱼翅。目前生物学家仍无法得知鲸鲨的数量,而鲸鲨也被世界自然保护联盟认为是濒危物种。

的尾鳍无意间击中以外。

● 鲸鲨"情侣"出双入对

鲸鲨通常单独活动,除非在食物丰富的地区觅食,否则它们很少群聚在一起。雄性鲸鲨的活动范围比雌性更大,因为雌性鲸鲨比较偏好出现在特定的地点。

生物学家在20世纪中叶以前,对于鲸鲨是胎生或卵生都仅止于臆测。后来生物学家在1956年根据一颗墨西哥近海发现覆有鲸鲨胎仔的卵壳,而相信它们是卵生动物。到了1996年7月,台湾台东地区的渔民捕获一条雌鲨,随后在体内发现了300条幼鲨及卵壳,显示鲸鲨其实是一种卵胎生动物。鲸鲨会将卵留在身体内,直到幼

大白鲨

> 1974年,电影《大白鲨》上映。大白鲨一时成了"恐怖"、海洋"血腥杀手"的代名词,大白鲨噬人场景令人"谈鲨色变"。人类对大白鲨的恐惧根源于对大白鲨的种种传说。这些传说之所以流传至今,是因为人们对大白鲨缺乏了解。

鲨鱼在地球上已生存了4亿年。在长期适应环境的生存过程中,逐渐形成了许多特殊的高度进化的特征。今天,大约有350种鲨鱼栖息在海洋中,大白鲨是其中为数不多的能维持其体温高于周围海水温度的动物。这种能力是高等脊椎动物如哺乳动物、鸟类及少数鱼种所具有的。在一项实验中,研究人员将一个传感器系在一条大白鲨身上,通过连续几天的跟踪测试,结果显示大白鲨能够维持其体温高于周围水温6℃的水平。在澳大利亚南部海湾的另一项类似的测试表明,大白鲨温度每升高5℃,将相应地使其肌肉收缩的速度及力量提高3倍。这相当于运动员的热身运动。

大白鲨分布于各热带、亚热带和温带海区、在澳洲海域最为常见,在我国可见于南海、东海、黄海及渤海等海域,属于大洋性活泼健游的种类。其多栖息于常升近表层,有时也下降在700米或以下深处以及有时也来近海浅水。大白鲨是世界上最易于辨认的鲨鱼之一。它们拥有乌黑的眼睛、凶恶的牙齿和双颚,跟食人鲳差不多,一般体灰色、淡蓝色或淡褐色,腹部呈淡白色,背腹体色界限分明,体型大者色较淡。成年大白鲨平均体长在3~6米之间,雌性比雄性要大一些。现今已知最大的大白鲨长度达6.4米,体重2.6吨。

● **视觉听觉嗅觉触觉全面发达**

多数的大白鲨稍微有点远视,它们持有的焦距从大概23厘米到无穷大,根据这个有趣的结论,科学家推测到大白鲨在水下辨别折射目标的距离为15米左右。在1985年,鲨鱼生物学家证明大白鲨视网膜的杆细胞和圆锥细胞的比例是4:1,大概和人类的差不多,但是它们在浑浊的水里的敏感度要强。大白鲨的视觉系统在鲨鱼中是比较发达和灵敏的。此外,大白鲨眼睛上方有层隔膜,当眼球向内翻转时,会呈现翻白眼的状态。这样可保护眼球不会被猎物弄伤。

知识档案

大白鲨
目 鼠鲨目
科 鼠鲨科

分布 热带及温带区海域中。
栖息地 多栖息于常升近表层,水深3~300米。
体型 身长3~6米,体重约2吨。
外形 大白鲨身体硕重,尾呈新月形,牙大且有锯齿缘,呈三角形。一般体灰色、淡蓝色或淡褐色,腹部呈淡白色,背腹体色界限分明,体型大者色较淡。
食性 主要猎食鱼类和鳍足类(例如海豹和海狮)。
繁殖 大白鲨是卵胎生的鱼类。刚出生的幼鲨约1.5米长。一次可以产5~10尾幼仔。
寿命 20年。

大白鲨内耳位于脑子的两侧,内淋巴管接头皮的两个孔,两耳都有小导管直通头顶的感觉孔,内耳中的接收器还具有类似侧线一样的功能,可以接收声波振动,距离可达1~2公里。实验证明大白鲨听觉系统能感到10赫兹到大约800赫兹,做出的平均有反应的为375赫兹,虽然鲨鱼和人的听力差不多,但鲨鱼能听到和感应得到很多人听不到的声音,鲨鱼更适合捕捉低波段振动,比如垂死挣扎的鱼。

大白鲨的嗅球神经器官占到了脑容量的百分之十四,可以从10^{15}个水分子中分辨出一个1丝氨酸分子。它可以嗅到1公里外被稀释成原来的1/500浓度的血液气味。这就是为什么一个人在海里只损伤了一点点皮,就很容易引来大白鲨的缘故。

大白鲨的侧线是由一些小窝底部的感觉器官所组成,每个感觉器官都有小孔道通往皮肤外面,用来感觉水流的振动,可以侦测出猎物微粒的存在方位,距离可达到500~600米。这些感觉器官顺着皮下一条非常细的管道同向尾巴,嘴巴下方则分开,而这条细管每隔一段距离也会另有细微信道通往外部。而在大白鲨口、鼻周围,分布着密密麻麻的小毛孔,称为"劳伦氏壶腹"是一条很深的信道,富胶质,对电、温度和水压的变化非常敏感,其作用是作为电感受器来感知周围微弱的电场变化,能接收到水中猎物的微弱电讯,由此可以发现隐藏着的猎物或猎物的动向。它甚至能觉察到生物肌肉收缩时产生的微小电流,以此判断猎物的体型和运动情况。有一个还未被证实的推测:这种生物的极度敏感甚至能觉察到其他生物的情绪,感知它们的想法。同时"劳伦氏壶腹"系统还可以来确定地球电磁场中的位置,具有一定的导航能力。

大白鲨的皮肤也是具有杀伤力的,"鲨鱼皮"并不是光滑的,虽然没有鱼鳞,但是长满了小小的倒刺,比砂纸还要粗糙,猎物哪怕只是被它撞了一下也会鲜血淋漓。

● 天生的血腥杀手

在已知攻击性鲨鱼中,大白鲨是最具攻击力的一种,它那巨大的鱼雷状躯体异常敏捷,能轻而易举地追赶任何一个猎物。堪称海洋世界的"血腥杀手"。

大白鲨的吻部长着像短胡须的一些小痘疤孔,它是一种电磁感应器,能接受动物、溺水者和其他物体放出的低频电流,以此来发现猎物。大白鲨的另一武器是几排尖刀似的利牙,不过它们很松弛地长在牙床上,撕咬、吞食猎物时很容易脱落和碎裂。但是这并不妨碍它进行捕猎和进食,因为几天以后鲨鱼的后排牙就会移到前排,每6~12月,鲨鱼的牙齿全部更换一次。大白鲨的头部长着一个突出的圆锥形鼻子,极像狗鼻子"海上死亡犬"的绰号由此而来。

大白鲨一旦发现猎物,行动异常迅猛,往往是猎物还没反应过来,它已经出现在猎物面前。大白鲨很少与猎物拼死搏斗,而是把对手咬得鲜血直流,继而马上松口,让其慢慢流血,然后瞅准机会再去咬一口。这样反复进行几次,直到猎物流血过多动弹不得时才去慢慢吞食猎物。大白鲨的狡猾还表现在捕猎食物时采取欺骗的手法。它们总是漫不经心地游向猎物,然后假装毫无兴趣地离开,待猎物放松警惕时,它迅速出现在猎物面前,使猎物措手不及,只好束手待毙。对人为投放的诱饵或者海中的漂

↗ 大白鲨处于海洋食物链的最顶端,甚少有生物能对其造成威胁。除了人类,其主要的天敌为喜爱成群猎食的虎鲸。不过,虎鲸亦绝少攻击像大白鲨这样的危险又难对付的猎物。

↗ 大白鲨出没于几乎所有热带、亚热带和温带的海区。这些地区的水温介乎12~24摄氏度不等。它们多集中在美国（大西洋东北区及加州）、智利、南非、日本、大洋洲海域，另包括地中海。其中一个最密集的种群发现于南非干斯拜对出的海岸。

浮物大白鲨并不急于吞食，而是绕圈观察，小心翼翼地接近目标，觉得万无一失时，才迅速冲向目标。

大白鲨并不总是嗜血成性。一次暴食之后的大白鲨可以几个星期不猎食，此时的大白鲨很少有攻击性，除非它遭到攻击。有时溺水者或者游泳的人突然遇到大白鲨，大白鲨绕着他们滑行，惊恐万状的人们感到死到临头，然而大白鲨却悄悄地游走了。人们庆幸自己逃过一次劫难，殊不知他们碰到的是一条饱食后游荡的大白鲨，对食物已不感兴趣了。有人曾用大量的鱼、肉、血作诱饵逗引饱食后的大白鲨，大白鲨只是围着食物游来游去，平时的贪婪踪影全无。

大白鲨主要以食海狮、海豹、海豚等哺乳动物和海中的其他鱼类为主，其捕食主要靠它极其灵敏的嗅觉、视觉和听觉。通过分析大白鲨胃内食物成分，生物学家认为，幼年和青年时期的大白鲨是机敏的猎手，主要追捕各种类型的鱼。当大白鲨长至成年时，它们便把捕食目标转向较大型的哺乳动物。科学家观察到，大白鲨具有双重性格。当大白鲨处于非饥饿状态时，它公开悠闲地在其猎物中间游荡，而当它处于饥饿状态时，大白鲨则潜到水底，隐藏在岩石群中，待时机成熟，突然窜出来，从底部袭击猎物。

大白鲨也会吃腐烂的鲸鱼尸体，一些大型鲸鱼死亡搁浅，腐肉气味通常会吸引一大群大白鲨前来觅食。

虽然一般认为大白鲨是单独猎食，但它们也有阶层之分，在享用鲸鱼尸体时，较年长的大白鲨会率先享用。

• 吃人只为好奇心

大白鲨虽然十分凶残，但它其实很少袭击人。据统计，每年数以千万在海水里游泳的人中，只有五百万分之一遭到大白鲨的袭击，而其中的80%只是受伤而已。科学家认为，大白鲨袭击人是属于判断性的错误，它们或许是误将落水者当作海豹，特别是那些身着黑色潜水服或游泳衣的人可以说是自找麻烦。

鲨鱼生物学家认为，大白鲨的咬噬，可能是对闯入它们领域者的警告。至少那些凶猛的大白鲨进攻人的行为，可能是其体内某种平衡机制被打乱所致。檀香山的斯顿哈特水族馆曾展出了一条大白鲨。这条大白鲨丧失了辨别方向的能力，不断地用身体撞击水池壁。该馆负责人发现，原因在于水池内有一种弱电场，干扰了大白鲨感受系统的正常工作。

大白鲨以其好奇心而闻名——它经常从水中抬起它的头，并且更令在水中的人担心的是，它经常通过啃咬的方式去探索不熟悉的目标，还会将一切它们感兴趣的东西吞下去：肉、骨头、木块，甚至玻璃瓶什么的。许多鲨鱼生物学家认为对人类的进攻是这种探索行为的结果，而由于大白鲨令人难以置信的锋利牙齿和上下颚的力量，会轻易地导致人的死亡。

但是，现今也有很多的冒险者愿意以生命作为代价去揭示大白鲨不为人知的一面。在他们眼中，大白鲨智力高，好奇心强，最重要的是它们乐于与人接触。当你亲切地去对待它时，它亦会亲切地去对待你。

大白鲨可能喜欢独来独往，它们是不合群的动物，但海洋里这种最可怕的食肉动物也会成群结队地聚集在墨西哥和夏威夷之间的一个深海"水洞"，即著名的"大白鲨咖啡馆"，嬉戏，交配。大白鲨是卵胎生的，一次可以产5~10尾幼仔。一头怀孕的雌性大白鲨其腹部最多可以容纳14个小白鲨。而且小白鲨出生时长达1.52米，重22千克，就像一个7岁的孩子一样。此外，大白鲨有同类相残的习性，它们尚在母体子宫内便会互相残杀。即使出生长大后，假如其中一条大白鲨受伤，或被困在鱼网中，它很可能就会被其他同类吃掉。

目前，世界上大白鲨的数量正在减少，大白鲨现已被列入《濒危野生动植物种国际贸易公约》附录。许多地方都对大白鲨实行保护。尽管如此，它们仍然是定期捕猎的牺牲品，并且黑市上已经兴起了与这些健壮动物的牙齿和上下颚有关的交易。

皱鳃鲨

> 皱鳃鲨主要分布在大西洋东部，日本到澳大利亚的西太平洋，以及美国加州到智利的东太平洋地区。是鲨鱼中最原始的一种，有"活化石"之称。

皱鳃鲨是一种史前品种的深海鲨鱼，因形似鳗鱼所以又称拟鳗鲛。截至2012年科学家在皱鳃鲨研究方面仍存在着很大的争议——它们究竟是3.8亿年前还是0.95亿年前的远古物种。在意大利的上新世以及在小安的列斯群岛的第三纪（渐新世或中新世），地层中曾分别发现皱鳃鲨的化石。而近现代人们仅发现的两条皱鳃鲨，都是在日本海岸附近出现的，时间是19世纪末和2007年。与很多深海动物一样，皱鳃鲨在来到海面后不久便死亡。

知识档案

皱鳃鲨
目　六鳃鲨目
科　皱鳃鲨科

分布　大西洋东部，西太平洋，东太平洋地区。
栖息地　生活在600~1500米的深海中。
体型　身长1.5米左右。
外形　身体延长呈鳗形，身体两侧有六条鳃裂，最前面的一条鳃裂延伸到喉咙的下方。背鳍只有一个，位于臀鳍后上方，小于胸鳍。
食性　以章鱼、乌贼等为食。
繁殖　卵胎生，孵化1年以上，春季受精，幼鱼在夏季出生。每胎生8~12条小鲨鱼。
寿命　20年。

● 最原始的鲨鱼

皱鳃鲨被誉为"最原始的鲨鱼"，是白垩纪时代的产物。它外形不似鲨鱼，延长、柔软的身体看似如海鳗。皱鳃鲨有一个非常容易识别的身体和类似尾部的鳍，身体延长呈鳗形。嘴巴很大，呈深弧形，向后延伸至眼睛后方，吻部极短，椭圆形的眼睛没有瞬膜，距离吻端比第一鳃孔近些。

在这种鲨鱼的身体两侧有六条鳃裂，鳃间隔延长而褶皱，且相互覆盖，所以命名为皱鳃鲨。最前面的一条鳃裂延伸到喉咙的下方，在鳃的边缘还有类似的皮肤的细长片。背鳍只有一个，位于臀鳍后上方，小于胸鳍。尾鳍宽长，末端较尖。体长1.5米左右，最长雌鱼1.96米、雄鱼1.65米。这是脊椎动物中最长的。

皱鳃鲨上下颌齿相同，皆有三枚强力的中央齿尖与侧齿尖，两者间另有一枚小尖齿,属枝牙型,有基板似化石异棘类的牙齿,是极为少见的三叉型。样子很像约在4亿年前出现的鲨的祖先——枝齿鲨。因其物种自史前诞生以来几乎没有发生过任何大的变化,所以也被科学家们称之为"海洋活化石"。

皱鳃鲨栖息于较深海中,大多在水深600至1 000米的地方出没。以章鱼、乌贼和硬骨鱼等为食。皱鳃鲨的口中具有300颗尖利的牙齿,而且嘴还能扩张,使其能吞下接近自己身体一半体积的猎物。皱鳃鲨满口的三角牙证明皱鳃鲨是凶猛的捕食者,但科学家认为它不会攻击人类。

皱鳃鲨的感觉器官特别敏锐,白天的感知范围达数十米,而夜间除了靠视觉外,还可以靠"光神经纤维层"来感觉弱光;它们的嗅觉更是灵敏,可闻到百米外的血腥味。而且,它们身上的侧腺系统发达,头部甚至还有称为"劳伦氏壶腹"的器官可以感受到约30~50米内的低频振动。还具有灵敏的侦测能力,在数米范围内,纵使是夜间处于睡眠状态下或隐身在沙泥底中的鱼类都无所遁形,因此皱鳃鲨也具有夜间捕猎的习性。

皱鳃鲨是卵胎生的,在春天受精。雌鱼卵囊一端突起。雄鱼有发达的鳍。繁殖时,雄鱼用交接鳍将精子送入雌鱼的泄殖腔内。发育在母体内进行。据说皱鳃鲨的怀孕时间特别长,需要1~2年,每胎能生8~12条小鲨鱼,幼鲨出生时只有39厘米长。

皱鳃鲨现存数量很少,主要分布在挪威到南非的大西洋东部,日本到澳大利亚的西太平洋,以及美国加州到智利的东太平洋地区。

↗ 皱鳃鲨,罕见的史前鲨鱼。

翻车鱼

> 翻车鱼出现的时间大约是4500万~3500万年前，翻车鱼广泛分布于世界各地的热带和温带大洋中，共有3种，分别是：翻车鱼、枪尾翻车鱼及长翻车鱼。翻车鱼是世界上已知最大的硬骨鱼，也是一种令人耳目一新的大洋漂浮性鱼类。

翻车鱼是生活在海洋中的一种珍稀鱼类，它的形状就好似切掉后半部的河豚，所以德国人又叫它"头鱼"。它的体形侧扁，头上生有两只明亮的眼睛和一个小小的嘴巴，背部和腹部分别长着一个又高又长的背鳍和臀鳍，在身体的最后边，有一个镶着好像花边的尾鳍。

● 最大的硬骨鱼

翻车鱼还有一个常见的英文名字叫太阳鱼，原因是它们经常侧着身体在水面上，边休息边晒太阳。有些生物学家相信，这样的晒太阳——是与剑鱼和皮背海龟共有的特点——可能是一种温暖身体以加速消化的方法。另外，这样晒太阳也可以让小鱼和海鸟啄食附在翻车鱼体上的寄生虫。

翻车鱼是河豚的巨型亲戚，体重可达3吨。是所有硬骨鱼中体型最大的一种，也是所有多骨鱼中最重的一种。翻车鱼个体较大，最大体长3~5米。体型外观呈椭圆扁平状，像个大碟子。身型偏短而两侧肥厚，头小，嘴小，眼小，尾鳍也退化，无尾柄，很短；没有腹鳍和尾鳍，但背鳍与臀鳍发达，且相对较高。翻车鱼鳞片特化为粗糙的体表，体侧呈灰褐色、腹侧则呈银灰色。翻车鱼与矛尾翻车鲀相似，但后者的尾后端具矛状突出。

虽然翻车鱼体型庞大，但它性情温和可接近。翻车鱼还拥有令人难以置信的厚皮，它的皮由厚达15厘米的稠密骨胶纤维构成，十分有弹性。19世纪时，渔民的孩子们会把厚厚的翻车鱼皮用线绳绕成有弹性的球玩。翻车鱼皮上可以有多达40多种不同的寄生虫，就连它们身上的寄生虫身上也有寄生现象。

目前，翻车鱼分布于全世界温带及热带海区，包括南海、东海等海域，属于大型大洋性鱼类。当然，在温带或寒带海洋也是可以见到它们的踪迹的。

● 会漂流也会潜水

尽管翻车鱼的体形巨大,形状奇特,但是翻车鱼能和谐地拍打长长的背鳍和另一边的臀鳍,利用它们的摆动来控制方向,就这样交替使用两鳍在水中游泳。翻车鱼身体的后部几乎难以称其为尾巴,对游动几乎毫无用处,它起的作用很像一个舵。当天气较好时,它会将背鳍露出水面作风帆随水漂流;天气变坏时,就会侧扁身子平浮于水面,以背鳍和臀鳍划水并控制方向,还可用背鳍在海中翻筋斗而潜入海底。翻车鱼这种头重脚轻的体型很适宜潜水,它们常常利用自己的优点潜到深海捕捉深海鱼虾。由于翻车鱼主要是靠背鳍及臀鳍摆动来前进,所以游泳技术不佳且速度缓慢,很容易被定置渔网捕获。

翻车鱼脑仅占身体重量的0.03%,一般鱼的脊索神经长度与身体相同,体长3米的翻车鱼,脊索神经只有三厘米;一般鱼两侧几乎都有侧线以感觉水中环境变化,但翻车鱼就没有侧线。这些原因令翻车鱼反应非常之慢,游泳姿势奇异,呆呆笨笨的,非常惹笑。

翻车鱼生活在热带海洋中,身体周围常常附着许多发光动物,它一游动,身上的发光动物便会发出亮光,远看就像一轮明月,故又有"月亮鱼"之美名。翻车鱼的皮肤的色调以

↗ 翻车鱼侧着身子在海面上漂流晒太阳的样子就像一辆翻倒的车子,于是渔民就以作日光浴而似"翻车"的名字来形容它。

> **知识档案**
>
> **翻车鱼**
> 目 鲀形目
> 科 翻车鲀科
>
> **分布** 遍布世界所有热带及温带海洋。
> **栖息地** 外海表层。
> **体型** 体长3~5米，体重1.5~3.5吨。
> **外形** 翻车鱼缺少真正的尾巴，它只有一个巨大的头，身材又圆又扁，像个大碟子。头很小，头上生有两只明亮的眼睛和一个小小的嘴巴。背部为灰褐色，两侧为灰银色，腹部白色。背鳍与臀鳍均为长而尖的尖刀形，没有腹鳍。
> **食性** 月形水母、小型浮游生物、甲壳类以及小型鱼类。
> **繁殖** 每年春夏季节交配繁殖，雌鱼每次可产2 000万~5 000万枚卵，最多可达3亿枚。
> **寿命** 不详。

灰色和银白色为主，不同地区的翻车鲀也会呈现颜色深浅的差异，有时会形成不同的斑点图案。在被打扰，或者遇到威胁时，翻车鲀的体色能在极短时间内从亮调变为暗色，令人叹为观止。

翻车鱼性情温顺，因而常受到人类、虎鲸和海狮的袭击。入夏时节，当大量年幼的翻车鱼随着充足的食物、温暖的洋流进入蒙特雷湾时，加利福尼亚海狮就经常袭击它们。海狮常常撕咬翻车鱼的背鳍和胸鳍，并向水面上攻击它们。如果海狮撕不开翻车鱼厚而硬的皮，它们便把失去活动能力的翻车鱼，像玩飞盘一样抛向水面，使得它们成为凶残的海鸥的美餐。

翻车鱼为肉食性，但食性很杂，既捕食鱼类、蛇类，也吃海藻、水母及浮游甲壳类等。翻车鱼还常常潜到深海捕捉深海鱼虾。翻车鱼个体较大，有趣的是，这么大的鱼，却长着樱桃似的小嘴，看起来很不相称。不过，它就是凭着这张小嘴将食物铲起，养活自己的巨大身躯的。更奇妙的是，翻车鱼能分泌一种物质来改善四周的环境，可以用来治疗周围鱼类的伤病，科学家也没发现这种奇特现象的原因，但无可厚非，翻车鱼的的确确可以算得上是鱼里面的"大夫"。

● 产卵数量创吉尼斯纪录

翻车鱼是鱼类产卵冠军，一般鱼类产卵几百万粒算是多了，而翻车鱼的雌鱼却一次可产3亿枚卵，产卵数量创吉尼斯纪录。

翻车鱼的繁殖过程也非常有趣。每当生殖季节来临时，雄鱼则在海底选择一块理想的场地，用胸鳍和尾巴挖开泥沙，筑成一个凹形的"产床"，引诱雌鱼进入"产床"产卵。雌鱼产卵后，便扬长而去。此时，雄鱼赶紧在卵上射精，从此就担负起护卵、育儿的职责，直到幼鱼长大。美国自然史博物馆的鱼类学家古格就曾对翻车鱼进行过研究,并宣称巨大的翻车鱼是动物界的生长冠军。它们的幼鱼仅有0.25厘米长,而长到成年鱼时却可达3米长,体重比幼鱼时增加了6 000万倍。

虽然产卵量惊人,但翻车鱼的存活率并不高。原因是一部分鱼卵因为不能受精而死亡,一部分鱼卵和孵化出来的幼鱼又会被凶猛的鱼类吃掉,再加上刚孵化出的小鱼非常脆弱,一场风暴就会使大部分幼鱼丧生。而经过种种灾难,最后能长成大鱼的已所剩无几。因此,翻车鱼虽然产卵很多,但由于一些自然因素,海洋中的翻车鱼却寥寥无几,十分罕见。一条翻车鱼所产的3亿枚卵中,只有30条左右能存活至繁殖季节。

翻车鱼经济价值较高,除了作科学研究和观赏外,它还是名贵食用鱼类。它骨多肉少剥皮后鱼肉约为体重的1/10,但其肉质鲜美,色白,营养价值高,蛋白质含量比著名的鲳鱼和带鱼还高。翻车鱼的肠子也很昂贵,台湾有道名菜"妙龙肠"就是以此作为主料的,食之既脆又香令人胃口大开。此外,鱼皮亦大有用途是熬制明胶或鱼油的原料可作精密仪器、机械的润滑剂。鱼肝可制鱼肝油和食用氢化油等。

↗ 翻车鱼虽然性格温顺、动作迟缓,却不喜欢人类接近,因此极难拍摄到。

矛尾鱼

矛尾鱼是腔棘鱼目矛尾鱼科的唯一一种,是唯一现生的总鳍鱼类。原以为总鳍鱼已经全面灭绝,但于1938年渔民捕鱼时竟发现了活体,后又多次在同一海域成功捕获。由于矛尾鱼的基因三亿多年从未改变,因此是当之无愧的海洋"活化石",被世界自然保护联盟红色名录列为:极危。

总鳍鱼类的其他类群已全部在地球上灭绝,矛尾鱼是经历了漫长地质年代而残留的活化石,过去只能从化石了解它们。如今少量存在的矛尾鱼给人们提供了研究总鳍鱼类的活体。迄今为止,全世界只发现不超过200条矛尾鱼,而且其分布区几乎仅限于非洲南部马达加斯加岛附近海域,200~400米海洋礁石中。

● 知之甚少的"古董鱼"

矛尾鱼,又称"拉蒂迈鱼"是腔棘鱼目矛尾鱼科的唯一一种,也是唯一现生的总鳍鱼类。体呈长梭形,躯体粗壮,体长约1.5~2米左右,体重50千克左右。现今发现最重的1尾体长1.8米,有95千克,蓝色。生活在南非的矛尾鱼外表呈深蓝色,可能是海洋中的伪装。而人们也曾在印尼发现褐色的矛尾鱼。

矛尾鱼头大,口宽,牙齿锐利。颅骨具特殊的颅间关节。在下颌间有一对很大的喉板。躯体覆盖大而薄的椭圆形圆鳞,鳞片露出部分具很多小嵴或疣突,因而体表粗糙,体后部和鳍基部鳞较小。侧线完全。

矛尾鱼有背鳍两个:第一背鳍鳍条强度骨化,具嵴,呈棘状;第二背鳍与胸鳍、腹鳍、臀鳍外形相似,呈柄状,鳍条着生在很厚的肉质鳍柄上。偶鳍内骨骼排列分节为非对称式。尾鳍外形近似矛状,三叶,尾鳍中间叶状突出呈矛状,故称矛尾鱼。

↗ 矛尾鱼和肺鱼一样,既有鳃也有鳔。化石种类尚有内鼻孔,证明它们能进行鳔(肺)呼吸。和肺鱼不同的地方是总鳍鱼的偶鳍构造较特殊,偶鳍基部有发达的肌肉,外覆有鳞片,鳍内的骨骼构造和陆栖脊椎动物的四肢骨骼构造相似。

矛尾鱼的鳍十分灵活，能做出各种姿势，有时还出现陆生四足动物的动作。矛尾鱼的这种奇特行为，为陆生动物的四肢由鳍演变而来的理论提供了较有力的证据。脊索终生存在，其上、下方有小块硬骨。肠内具螺旋瓣。矛尾鱼的鳔很小，除了起到调节鱼体在水中比重的作用外，还有呼吸的功能。

曾经有人解剖了一条全长1.6米，捕捞时出水重量为65千克的雌性矛尾鱼，发现在它的右侧输卵管内有5条平均30厘米长的带卵黄囊的幼鱼，证明了它是卵胎生的。

矛尾鱼卵径达9厘米，幼仔在输卵管中长可达33厘米。雌鱼每次会生5~25条幼鱼。幼鱼出生后就已经能够独立。它们的繁殖行为不详，但相信它们要到20岁才达至性成熟。妊娠期估计为13~15个月。

● 昼伏夜出

矛尾鱼一般生活在200~400米深的海水中。仅每年11月到次年1月短短的两个月中才会浮到海面上来。它们一旦离开这黑暗、低温的环境，就不能生活很久。在200米以下的深海区域，一片漆黑，但矛尾鱼的眼睛有反光膜及很多视杆细胞，就算在深水中视觉也很锐利。水深及阴暗并不影响它们的生存，最为重要的是水温要在14~22℃间。它们会上升或下沉至此水温的环境，以确保氧的吸入量。

白天，矛尾鱼像冻死的僵鱼一样成群躺在约200米深的海底洞穴里，据说是为了逃避鲨鱼的侵袭。一旦日落，它们便纷纷爬出海洞，寻找食物。因此它们未曾在日间被捕捉到，所有标本都是在夜间捕捉的。

矛尾鱼可以灵敏地感受到磁场的微小变化。当小鱼等猎物途经鱼体附近时，周围磁场便发生变化，它便冲向猎物，饱食一顿。平时，它们就出没于鱼儿经常活动的水域，停悬在海中的有利地势，守株待兔，有时也向上层海水中游动，活动一下身体。

矛尾鱼是机会主义者，主要猎食

知识档案

矛尾鱼

目 腔棘鱼目
科 矛尾鱼科

分布 南部非洲东南沿海，印尼海域也有发现其踪迹。

栖息地 200~400米深的海水中。

体型 体长约1.5~2米左右，体重50千克左右。

外形 体呈长梭形，躯体粗壮，颜色为蓝色或褐色。

食性 主要以乌贼及其他深海底的鱼类为食。

繁殖 卵胎生，雌鱼每次生产5~25条幼鱼，妊娠期为13~15个月。

寿命 80~100岁。

乌贼、鱿鱼、线鳗、细小的鲨鱼及其他深海底的鱼类。它们可以头向下游泳，甚至向后或腹部向上游泳来寻找猎物，完全发挥喙腺的功能。虽然捕食比较凶猛，可是矛尾鱼的食量却少得惊人，每昼夜仅吃10~20克鱼肉就足够了。像矛尾鱼这样身体的新陈代谢如此缓慢的生物在世界上是绝无仅有的。

● **独特的大脑和鳍**

矛尾鱼还有一点不同于其他鱼的特征。普通鱼的脑重占身体的0.1%~1%，而矛尾鱼不到0.01%，但脑中高分子蛋白却多于其他鱼，而且矛尾鱼有内鼻孔的雏形，这也是鱼类上陆进化的证明。

最奇怪的是它的鳍，普通的鱼鳍里都没有肌肉，更没有骨骼，而在矛尾鱼的鳍里却有很厚的肌肉，特别奇怪的是在它的一对强大的胸鳍和一对腹鳍里还有一段管状的骨骼。有肌肉就可以运动，这就说明了矛尾鱼的鳍已经在向可以运动的"手"和"脚"转化了，而鳍中的管状骨骼正是它们登陆所必需的"支撑架"。

所以我们可以幻想一下，在很久很久以前，地球上因种种原因发生了惊人的变化，水体在逐渐减少、干涸，鱼类的生命受到了空前的威胁，一些勇敢者们尝试着离水登岸，虽然无数的鱼类前赴后继地倒下了，但一部分总鳍鱼还是挥动着还不太协调的鳍，顽强地向气候温暖潮湿、树木葱郁茂盛的地方走去(还有可能的原因是海洋中肉食性鱼类导致生存环境急剧恶化后部分鱼类开始向陆地转移)。

它们生存了下来，成为两栖类的祖先。而另一部分则选择了更深处的海洋，繁衍生息了下来，即我们发现的矛尾鱼。矛尾鱼的身上所具有的从鱼鳍产生肌肉、骨骼并向四肢转变的特点，为陆地上的生物是从水里进化的理论提供了活的佐证。

↗ 科学家怀疑它们可以随意减低代谢率，以接近冬眠的状态下沉到较难生存的深海处。

蝠 鲼

> 明月当空,风平浪静,一只小船在缓缓地前行。忽然,从水下飞出一个怪物,黑压压的一片,比圆桌面还要大!船上的人还没看清它的真面目,它就已经落入水中,不见了。这怪物就是蝠鲼——一种巨型鳐鱼。当它在黑夜中由水下"飞出"后,在空中进行滑翔,看上去确实很可怕。怪不得在国外,人们称它为"海中恶魔"。

蝠鲼因其在海中优雅飘逸的游姿与夜空中飞行的蝙蝠相仿故得此名。第一次见到蝠鲼的人总会因它"异形"般的外表而不知所措,它很难令人将其与正统的鱼类联想到一起。其实,这种古老的鱼类早在中生代侏罗纪时便出现在海洋中了。1亿多年间,它们的体型几乎没有发生什么变化。从分类学上来说,蝠鲼和鲨鱼的亲缘关系最相近,同属软骨鱼纲,单属鲼形目蝠鲼科,现存3属13种,遍布于南北纬35度之间的大西洋、太平洋和印度洋海域。在中国东部和南部海域能见到4种:双吻前口蝠鲼、日本蝠鲼、台湾蝠鲼和无刺蝠鲼。

● 温和的魔鬼鱼

蝠鲼是一种生活在热带和亚热带海域的底层的软骨鱼类,被人们称为"水下魔鬼",但实际上蝠鲼是一种非常温和的动物。它们总是缓慢地扇动着大翼在海中悠闲游动,看上去就像在海底飞翔一般。当游泳时,头鳍从下向外卷成角状,向着前方。蝠鲼有时成群游泳,雌雄常偕行。

蝠鲼一般体平扁,宽大于长,最宽可达8米,体重5吨。体呈菱形,一头宽大平扁;吻端宽而横平;胸鳍长大肥厚如翼状,头前有由胸鳍分化出的两个突出的头鳍,位于头的两侧;尾细长如鞭,具一小型背鳍,一些种类的尾上具一个或更多的毒刺;口宽大,前位或下位;牙细而多,近铺石状排列;上、下颌具牙带,或上颌无牙;鼻孔恰位于口前两侧,出水孔开口于口隅;喷水孔较小,三角形,位于眼后,距眼有一相当距离;鳃孔宽大;腰带深弧形,正中延长尖突。

蝠鲼是鳐鱼中最大的种类。虽然它没有攻击性,但是在受到惊扰的时候,它的力量足以击毁小船。它的个头和力气常使潜水员害怕,因为一旦它发起怒来，只需用它那强有力的"双翅"一拍，就会碰断人的骨头，置人于死地。蝠鲼的习性也十分怪异。它性情活泼，常常搞些恶作剧。有时它故意潜游到在海中航行的小船底部，用体翼敲打着船底，发出"呼呼，啪啪"的响声，使船上的人惊恐不安；有时它又跑到停泊在海中的小船旁，把肉角挂在小船的锚链上，把小铁锚拔起来，使人不知所措；又或是它又用头鳍把自己挂在小船的锚链上，拖着小船飞快地在海上跑来跑去，使渔民误以为这是"魔鬼"在作怪，这实际上是蝠鲼的恶作剧。

蝠鲼体型虽大，但却以浮游生物、甲壳动物和小鱼为食。它们是走到哪里吃到哪里的机会主义者，发现食物丰盛的区域后便呈直线般地来回游动，将食物集中在相对窄小的区域，头部那对可以转动的头鳍在捕食时的作用大过牙齿，可以将大量的浮游生物顺势纳到大嘴中。它们的鳃耙多角质化，呈一系列羽状筛板，起滤水留食作用。

蝠鲼的"尾巴"或有微弱电流但并没有毒，而在形态上有点类似的𫚈的"尾巴"就带有剧毒，注意区分以免误解。

蝠鲼主要栖居在热带和亚热带的浅海区域，较少停留或栖息在海底，从离海岸较近的表水层到120米深的海水中都能看见它们的身影。蝠鲼平时性格安静而沉稳，喜欢独自在大海中畅游，过着四海为家的流浪生活。蝠鲼在我国南海整年可见到，每年6月~7月洄游至福建、浙江沿海，于8月~9月

↗ 关于蝠鲼为什么会做凌空出水的动作，至今仍是一个谜。

去黄海。10月~11月返浙江沿海，12月至翌年2月~3月沿原来路线洄游南返。

• 蝠鲼为什么要飞跃

蝠鲼最具特色的一个习性就是它那"凌空出世"般的飞跃绝技！蝠鲼在跃出海面前需要做一系列准备工作：在海中以旋转式的游姿上升，接近海面的同时，转速和游速不断加快，直至跃出水面，时而还会伴以漂亮的空翻。最高时，它能跳1.5~2米高，落水时发出砰的一声巨响，场面优美壮观。

那么，蝠鲼为什么要跃出海面呢？科学家对此行为产生过种种猜测，直至今日仍众说纷纭。有人说这是雌雄蝠鲼在繁殖季节里演绎的调情游戏；还有人认为这是一种驱赶、诱捕食物的方式；多数人则相信这是一种甩掉身上寄生虫和死皮的自我清洁方式；也有人认为此行为是雌性蝠鲼生孩子时的独特动作。关于蝠鲼的众多谜团还有待今后的观察和研究。

蝠鲼的滑翔本领当然不能跟飞鱼相比，但它们依然可以"飞"过小帆船的桅顶。对于这种庞大笨重的鱼来说，这已经很不简单了。

• 爱护独子

雌蝠鲼非常爱护自己的独子。因为不像别的鱼，一次产卵就有几千

> **知识档案**
>
> **蝠鲼**
> 目 燕魟目
> 科 鲼科
>
> **分布** 暖温带及热带沿大陆及岛屿海区。
> **栖息地** 浅海域。
> **体型** 成鱼最宽可达8米，体重5吨。
> **外形** 体黑，扁平，呈菱形。
> **食性** 以浮游生物、甲壳动物和小鱼为食
> **繁殖** 卵胎生，一次只产1子。
> **寿命** 20年。

几万粒，像翻车鱼，可以说是鱼类中的高产能手，一次产卵可达三亿粒。雌蝠鲼不产卵，它是卵胎生的，这在鱼类中又是少有的事。它每次只生一胎，无怪乎它要宠爱独子了。

有些渔民不熟悉这种鱼的习性，会招来杀身之祸。比如小渔船上的渔民发现一条有头鳍的鱼，兴冲冲地抛下网去，这下可惹祸了！只见后边钻出一条硕大的鱼，也有着一对头鳍，腾空而起，降落下来，那条长尾巴一拖，擦过渔民身子，扑腾一声巨响，落入水中。渔民尖叫了一声，身上顿时冒出了鲜血，接着一阵剧痛。原来那是一条雌蝠鲼，它正带着自己的独子在游水，一看到有危险，为了保护心爱的独子，它蹿出水面，向敌人发起攻击。它的尾部暗藏着可怕的武器——一根锋利的毒棘，被它刺中后

疼痛非凡。曾经发生过这样的事，由于渔民捕捉小蝠鲼，它的母亲为了报复，把小渔船压翻。

每年12月到翌年4月间是蝠鲼的繁殖季节。此时热带海域的水温在26~29℃间，蝠鲼开始成群出现在浅海区，通常是几只体型较小的雄性一起尾随在体型稍大的雌性身后，游速比平时略快。经过20~30分钟的追逐后，雌蝠鲼逐渐放慢速度，雄蝠鲼则游到爱人身下，并用胸鳍"爱抚"其身体。完成短暂的交配后，雄性则扬长而去，接下来第二个追求者会重演以上的过程。不过，雌蝠鲼最多只接受两个"意中人"的追求——1~2枚受精卵在雌性体内发育并孵化出仔鱼，大约13个月后，小蝠鲼会直接从母体中产出，不久就能自由游动，独闯天下了。小蝠鲼一生下来就有20千克重，长约1米，不了解这种鱼的人，初见之下还以为是大鱼，其实，它还是个刚刚出生的婴儿。小蝠鲼5岁时达到性成熟，适龄者便可延续自己的基因：它们的寿命约为20年。

由于栖息范围广阔，难于开展统计和调查工作，蝠鲼的野生数量一直不为人知。蝠鲼繁殖率很低，生长缓慢，而过渡捕捞、栖息环境的污染会对其种群造成危害。为了保护蝠鲼，一些产区出台了禁捕等措施。保护级别列在了世界自然保护联盟的"红色名单"之中。

↗ 巨大的黑色蝠鲼，张开双翅缓缓遨游在海中，像只大鸟样在水里呼啸着游来游去。

海龟

> 海龟，在龟类"家族"中堪称最大的。厚厚的背甲可长达一米以上，体重可达150~180千克。海龟成年累月地在大海中游弋，只是在一年一度的繁殖季节，雌龟才爬到岸上来产卵。

海龟早在2亿多年前就出现在地球上了，是有名的"活化石"。据《世界吉尼斯纪录大全》记载，海龟的寿命最长可达152年，是动物中当之无愧的老寿星。正因为龟是海洋中的长寿动物，所以，沿海人仍将龟视为长寿的吉祥物，就像古人把松、鹤视为长寿的象征一样，沿海的人们也把龟视为长寿的象征，并有"万年龟"之说。

● 最长寿的动物

海龟是龟鳖目海龟科动物的统称。广布于大西洋、太平洋和印度洋。中国产的属于日本海龟，北起山东、南至北部湾近海均有分布。海龟长可达1米多，虽然记录寿命最大的海龟为152岁，不过世界各地都有发现年龄高于150岁的海龟，甚至有传说海龟能活几百岁。可以说是世界上当之无愧的最长寿动物了。

关于海龟为何能如此长寿，生物学家给出了这样的答案：首先，龟有与众不同的身体结构和生理机能。人们在龟体内没有发现致癌因素，所以龟是不会产生癌变的。

其次，据生物学家研究发现，在人和动物的细胞中，有一种关于细胞分裂的时钟，它限制了细胞繁殖的代次及其生存的年限。人的胚肺纤维细胞，在体外培养到50代时，就再难以往下延续了，而龟可以达到110代，这说明，龟细胞繁殖代数的多少，同龟的寿命长短有密切的关系。

第三，动物学家和医学家检查了龟类的心脏机能，龟的心脏离体取出后，竟然能够自己跳动24小时之久，这说明龟的心脏机能较强，这对龟的寿命起重要的作用。

最后，科学家认为，龟的长寿与它的呼吸方式也有关系。龟因没有肋间肌，所以呼吸时，必须用口腔下方一上一下地运动，才能将空气吸入口腔，并压送至肺部。还由于它在呼吸时，头、足一伸一缩，肺也就一张一吸，这种特殊的呼吸动作，也是龟得

知识档案

海龟
目 龟鳖目
科 海龟总科

分布 大西洋、太平洋和印度洋。
栖息地 比较浅的沿海水域、海湾、潟湖、珊瑚礁和流入大海的河口。

绿色龟
背甲长约0.7~1米，体重约90~140千克。背甲宽而平滑，全身褐色或淡绿色，分布于全球各地沿海的温暖水域；主要取食海藻。

蠵龟
背甲长约0.7~2.1米。大标本一般重约135千克，但有近400千克重的记载。类似绿色龟，但头部较大，微红褐色或褐色。肉食性，遍布全球各海洋。

玳瑁
背甲长约40~55厘米，体重约13~45千克。体较小。背面的角质板覆瓦状排列，表面光滑，具褐色和淡黄色相间的花纹。遍布全球海洋温暖水域。以动物和植物为食。

里达利龟
背甲宽而圆。灰色，背甲长约60~79厘米。产于墨西哥湾，分布在北至新英格兰，东至大不列颠海域。太平洋里达利龟栖于印度洋－太平洋区的温水区域。略呈绿色，以动植物为食。

繁殖 繁殖季时会从觅食栖地回到产卵栖地，进行交配及产卵。一次可以产50~200个乒乓球状的卵。
寿命 150年左右。

以长寿的原因。

海洋中目前共有7种海龟，生活在中国海洋中的海生龟类有5种，有绿海龟、玳瑁、蠵（xī）龟、丽龟和棱皮龟。其中群体数量最多的是绿海龟。海龟均被列为国家II级重点保护动物和濒危野生动植物种国际贸易公约名录。

由于雄性海龟和年幼的海龟不会上岸，我们很难知道生存在野外的海龟数量。海龟的数量计算一般是根据它们的孵化率。研究显示，所有种类的幼海龟都不同程度地减少了。尤其是大海龟和棱皮龟，是所有海龟面临绝种危险最大的种类。而数量最多的是橄榄绿鳞龟，目前有几十万只到印度海岸筑巢。

最大型的海龟是棱皮龟，长达2米，重达1吨。最小的是橄榄绿鳞龟，有75厘米长，40千克重。海龟有鳞质的外壳，尽管可以在水下待上几个小时，但还是要浮上海面调节体温和呼吸。海龟最独特的地方就是龟壳。它可以保护海龟不受侵犯，让它们在海底自由游动。除了棱皮龟，所有的海龟都有壳。棱皮龟有一层很厚的油质皮肤在身上，呈现出5条纵棱。

与陆龟不同的是，海龟不能将它们的头部和四肢缩回到壳里。像翅膀一样的前肢主要用来推动海龟向前，而后肢就像方向舵在游动时掌控方向。

大多数的海龟生存在比较浅的沿海水域、海湾、潟湖、珊瑚礁或流入大海的河口。我们通常是在世界各地温暖舒适的海域发现海龟。

在世界各地温暖舒适的海域都可以发现海龟的踪迹。

海龟虽然没有牙齿，但是它们的喙却非常锐利，不同种类的海龟就有不同的饮食习惯。海龟分为草食，肉食和杂食。红头龟和鳞龟有颚，可以磨碎螃蟹、一些软体动物、水母和珊瑚。而玳瑁海龟的上喙钩曲似鹰嘴，可以从珊瑚缝隙中找出海绵、小虾和乌贼。绿龟和黑龟的颚呈锯齿状，主要以海草和藻类为食。

海龟在吃水草的同时也吞下了海水，摄取了大量的盐。因而在海龟泪腺旁的一些特殊腺体会排出这些盐，造成海龟在岸上的"流泪"现象。

● **迁徙定位未解之谜**

海龟在成熟后，雌海龟和雄海龟的各自特征很不明显。雄海龟成熟时会长出长长的尾巴，并常常在鳍状的前肢上长出弯曲而延长的爪子。每年的5~8月，是海龟的生殖季节，它们不远万里，漂洋过海回到它们生身的故土，爬到岸上，用后肢十分灵巧地挖好卵坑，把卵产在坑里，再用沙土埋好。海龟一次产卵50~200枚，卵的大小、形状很像乒乓球。

埋在沙坑里的龟卵，同样面临着各种各样的威胁——食肉动物的吞食、海水淹没和自然的侵蚀，还有一些无法孵化。海龟卵借助太阳的热量孵化，小海龟的性别由温度的高低来决定，温度高时孵出的是雌性，温度低时孵出的是雄性。在大约两个月的孵化期过后，小海龟弄破蛋壳，经过几天的努力爬到地面上。通常小龟总是在夜色下爬出沙巢的，在海水倒映的月光和星光的引导下，小海龟们本能地爬向大海。幼海龟成活的概率只有千分之一。不同种类海龟有不同的成熟年龄。玳瑁海龟3岁就成熟了，绿海龟在20~50岁才成熟。

大多数海龟都具有迁徙的习性，从生育地到寻找食物的地方，往往要游很远的距离。在这一过程中，海龟表现出极为高超的导航能力。这是一个人们十分感兴趣的话题。可惜，至今还是一个谜。但是人们对此也有许多解释。有人认为，海龟有自己的"罗盘"，有自己的生物钟，白天能根据太阳的方位和高度定向，晚上靠天上的星星来导航。也有人认为，海龟对出生后第一次接触的海水气味，有着惊人的记忆力，它就靠敏锐的嗅觉来辨认归途。

不同种类和同一种类内部不同群体的海龟有着各自的迁徙习惯。一些海龟游到几公里远的地方筑巢并喂养幼龟。而棱皮龟迁徙得最远，它们要到5 000千米远的海滩筑巢。而黑龟则喜欢在它们分布区的最南端和最北端繁殖和喂养幼龟。

● 减少人为破坏，保护野生海龟

海龟的生存威胁主要来自孵化区遭破坏、天敌和非法盗猎、气候变暖。

如今海滩的发展大大减少了海龟筑巢的场所。母海龟不再上岸孵卵的原因很多：人类的活动和噪声及垃圾挡住海龟的去路，而且如果海龟吃掉这些垃圾它们可能会死亡；海滩的人造灯光让海龟误以为是白天，误导了它们的行为，也会使刚刚孵化出来想要回到海里的小海龟失去方向。在印度奥里萨邦孵卵的橄榄绿海龟也面临着类似严重的威胁。

此外，人类的捕杀也大大减少了海龟的数量。海龟壳被用来制成梳子、眼镜框、首饰和其他的一些化妆品，而且售价相当昂贵。海龟肥肉则被用来做汤，海龟卵也被认为是野味。

成年海龟的四鳍及头极易受到凶猛鱼类（如鲨鱼）的攻击，母龟在产卵后也可能成为鳄鱼、豹子、蚂蚁

↗ 棱皮龟是世界上龟鳖类中体形最大的一种，堪称"巨龟"。它的头部、四肢和躯体都覆以平滑的革质皮肤。它的嘴呈钩状，头特别大。四肢呈桨状，没有爪，前肢的指骨特别长。

计算龟年龄的三种方法

方法一：随大自然的周期性变换，乌龟有明显的生长期和冬眠期，生长期背甲盾片和身体一样生长，形成疏松较宽的同心环纹圈，冬眠期乌龟进入蛰伏状态，停止生长，背甲盾片也几乎停止生长，形成的同心环纹圈狭窄紧密。如此疏密相间的同心环纹圈同以树木的年轮推算树龄相似，经历一个停止发育的冬天，就出现一个年轮。依此可以判断乌龟的年龄，即盾片上的同心环纹多少，然后加1（破壳出生为一个环纹），等于龟的实际年龄。这种方法只有龟背甲同心环纹清楚时方能计算，龟的年轮在10龄前较为清晰，在稚龟出生不久，其背壳中央的盾片外坚皮肤上就看到一些放射状纹，并无圆轮状，有几个轮圈的龟背甲纹，就是龟龄几岁，年龄愈长愈难用肉眼辨认，只有依据龟的重量来推算，人工养殖除外，野生的龟每500克重的龟龄，在我国南方约20年，北方的龟约40年。

方法二：乌龟的生长较为缓慢，在常规条件下，雌龟生长速度为：一龄龟体重多在15克左右，二龄龟50克，三龄龟100克，四龄龟200克，五龄龟250～300克，六龄龟400克左右。雄龟生长慢，性成熟最大个体一般为250克以下。

龄计算以龟背甲盾片上的同心环纹（生长年轮）多少计算，一个环纹为一年的生长期。当然，不同龟种、环纹清晰度和孵出时存在环纹等因素也会影响年龄的准确度。龟的寿命一般较长，至少可活20年，据历史记载，白龟的寿命达到800年以上，故有"千年乌龟万年鳖"的长寿佳话。

方法三：大概年龄可从龟壳的纹路观看，颜色越深，纹路越清晰就越老，反之则嫩，如果是实际年龄，则不好判断。

等陆生食肉动物的食物。小海龟出生时，鸟类也会以它们为食。到了水中，小海龟也会成为一些海生动物的食物（如：章鱼、鲨鱼等）。

随着室内效应加剧，大气变暖，海平面上升，使得海龟产卵沙地被上升的海水覆盖，生存环境缩小。不过目前，海龟保护工作已经取得了不少进展。在澳大利亚已经启动了一个在社区中海龟保护活动的项目，并努力寻找解决问题的办法。印度尼西亚正在进行一项先进的研究，以确定捕鱼业与海龟生存现状的相互关系，并与工业界合作开发适当的缓解措施。塞舌尔群岛已经制定了创新性的办法，使私营企业参与到实际的保护行动中来。目前8个国家已经开始实施侧重于龟类保护的国家计划，而其他十个国家也在计划实施类似计划。几十年来，澳大利亚、塞舌尔和南非都在监控各自的海龟数量；另有几个国家在最近十几年也实施了保护方案。

霞水母

> 1865年，在美国马萨诸塞州的一处海岸，有一只霞水母被海浪冲上了岸，它的伞部直径为2.28米，触手长36米。把这个水母的触手全部展开，从一条触手尖端到另一条触手的尖端，竟有74米长。因此，可以说霞水母是世界最长的动物了。

在蓝色的海洋里，游动着的各色各样的水母异常美丽，它们宛如一个个精灵，自由自在漂浮。它们没有骨骼，身体却很庞大，靠水的浮力支撑着身体。水母的出现比恐龙还早，大约在6.5亿年前，目前世界上已发现的水母约200种，体形最大的为霞水母，而其中又以北极霞水母为最。

↗ 北极霞水母是世界上体型最大的水母。

● 会发光的海上霸主

水母的种类很多，体型各异，直径从10厘米到100厘米之间，常见于各地的海洋中。人们往往根据它们的伞状体的不同来分类：有的伞状体发银光，叫银水母；有的伞状体则像和尚的帽子，就叫僧帽水母；有的伞状体仿佛是船上的白帆，叫帆水母；有的宛如雨伞，叫做雨伞水母；有的伞状体上闪耀着彩霞的光芒，叫做霞水母，它们的寿命大多只有几个星期，也有活到一年左右，有些深海的水母可活得更长些。

普通水母的伞状体不很大，只有20~30厘米长，但体形较大的霞水母的巨伞直径可达2米，下垂的触手长达20~30米。最大的霞水母是分布在大西洋里的北极霞水母，它的伞盖直径可达2.5米，伞盖下缘有8组触手，每组150根左右。每根触手伸长达40多米，而且能在一秒钟内收缩到只有原来长度的1/10。触手上有刺细胞，能翻出刺丝放射毒素。当所有的触手伸展开时，就像布下了一个致命的天罗地网，面积可达500平方米。任何凶猛的动物一旦投入罗网，必将束手就擒。

霞水母身体的主要成分是水，并由内外两胚层所组成，两层间有一个很厚的中胶层，不但透明，而且有漂浮作用。它们在运动之时，利用体内喷水反射前进，远远望去，就好像一顶圆伞在水中迅速漂游。霞水母能发出微弱的淡绿色的光芒，当它们在海上成群出没的时候，紧密地生活在一起像一个整体似的浮在海面上，显得十分壮观。海涛如雪，蔚蓝的海面点缀着许多优美的伞状体，闪耀着微弱的淡绿色或蓝紫色光芒，有的还带有彩虹般的光晕。

其实自然界里有许多动物能发光，它们大多体内含有荧光素或荧光酶，经过氧化作用就会发出光来。而光的强弱同荧光素的含量成正比。但是动物学家的研究结果表明，水母的发光系统不同于其他动物，它是依靠

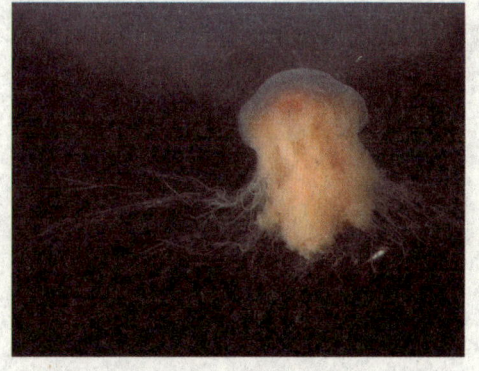

↗ 当伸展开来时，霞水母的触须会形成网状陷阱，只有最微小的动物才能穿过。

一种叫做爱克林的奇妙的蛋白质来发光的，这种爱克林在水母体中含量越多，发的光就越强。爱克林的发光不受酶抑制或其他因素的影响，但是只要碰上钙离子就能发出强蓝光来，比锶离子作用发出来的光弱，除此之外，再也没有物质同它能起反应作用了。科学家在研究过程中曾从水母体内提取出这种发光蛋白质，每只水母平均只含有爱克林50微克。他们又从发光蛋白质中分离出1毫克的发光团。这种发光分子中有一种特殊的结构要素——氨基吡嗪环，它能吸收极短的紫外线。因此，不同种类的水母所含发光分子不同，吸收紫外线的能力也不一致，因此，发出的光的强弱也不一样。

● 与小牧鱼共生

霞水母虽然长相美丽温顺，其实性情十分凶猛。在伞状体的下面，那

知识档案

霞水母
目 旗口水母目
科 霞水母科

分布 主要分布在大西洋，其他大洋也有所见。
栖息地 栖息在海平面。
食性 以幼鱼、虾、蟹、软体动物的幼虫为食。
体型 伞直径可达2米，下垂的触手长达20~30米。
外形 伞形，伞状体上闪耀着彩霞的光芒。
繁殖 有性繁殖。
寿命 几周到一年不等。

些细长的触手是它的消化器官，也是它的武器。在触手的上面布满了刺细胞，像毒丝一样，能够射出毒液，猎物被刺螫以后，会迅速麻痹而死。触手就将这些猎物紧紧抓住，缩回来，用伞状体下面的息肉吸住，每一个息肉都能够分泌出酵素，迅速将猎物体内的蛋白质分解。因为水母没有呼吸器官与循环系统，只有原始的消化器官，所以捕获的食物立即在腔肠内消化吸收。

水母一旦遇到猎物，从不轻易放过。但是就像犀牛和为它清理寄生虫的小鸟共存一样，水母也有自己的共生伙伴。那是一种小牧鱼，体长不过7厘米，可以随意游弋在水母的触须之间，却一点儿也不害怕。遇到大鱼游来，小牧鱼就游到巨伞下的触手中间去，当作一个安全的"避难所"，利用水母刺细胞的装置，巧妙地躲过了敌害的进攻。有时，小牧鱼甚至还能将大鱼引诱到水母的狩猎范围内使其丧命，因为这样就可以吃到水母吃剩的零渣碎片。

那么水母触手上的刺细胞为什么不伤害小牧鱼呢？这是因为小牧鱼行动灵活，能够巧妙地避开毒丝，不易受到伤害，只是偶然也有不慎死于毒丝下的。当然，威猛而致命的水母也有天敌，棱皮龟就可以在水母的群体中自由穿梭，轻而易举地用嘴扯断它们的触手，使其只能上下翻滚，最后失去抵抗能力，成为棱皮龟的一顿"美餐"。

霞水母和牧鱼共同生活，互惠互利，水母保护了牧鱼的生命安全，而牧鱼则帮它诱敌，并为它清除身上的微生物。

● **疯狂繁殖的背后**

水母是雌雄异体，有生殖腺在近胃囊处。成熟的精子流入雌水母体内受精。受精卵发育成幼虫离开母体，在水里游动一会儿后，沉下海底形成幼体，后变成水螅体，水螅体分裂成多个碟状幼体，再发育成水母成体。

霞水母虽然是低等的腔肠动物，却三代同堂，令人羡慕：水母生出小水母，小水母虽能独立生存，但亲子之间似乎感情深厚，不忍分离，因此小水母都依附在水母身体上。不久之后，小水母生出孙子辈的水母，依然

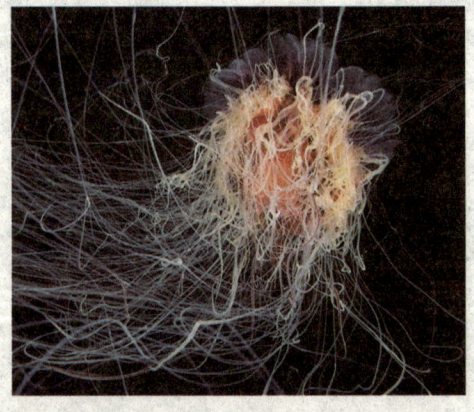

↗ 霞水母的触须细长轻盈，如梦如幻。

水母"耳朵"预测海洋变化

水体营养化使得水母泛滥成灾，但水母也并不是一无是处的。在水母触手中间的细柄上有一个小球，里面有一粒小小的听石，这是水母的"耳朵"。由海浪和空气摩擦而产生的次声波冲击听石，刺激着周围的神经感受器，使水母在风暴来临之前的十几个小时就能够得到信息，于是，它们就好像是接到命令似的，从海面一下子全部消失了。科学家们曾经模拟水母的声波发送器官做试验，结果发现水母能在15小时之前测知海洋风暴的讯息。

另外，水母随波逐流，它的水平分布与海流、水团和气象有着密切的关系，有些水母种类可作为判断海流或水团性质的生物指标。例如福建南部渔民利用银币水母作为台湾暖流鲲鱼夏汛的指标，准确预测渔汛。

紧密联系在一起。

水母一般缺乏保护后代的机制，但具有很强的扩散能力，种群不稳定也不易于灭绝。在数量较低时，能迅速恢复到较高水平。在水母密度很高的地方，它们会消耗大量资源，破坏生存环境，也可以通过扩散离开被破坏的地方，并且迅速在别的地方建立起新的种群，因此水母可以说是环境压力下的"机会主义者"。

近年，世界各地的海域常常有突如其来的水母群的出现。美国国家地理杂志最新报道，水母大多存活于死水区，生命极度顽强，它几乎不需要氧气，所以，你会发现在几千米的深海区，也有它的身影。水母的出现，并不是环境改善的现象，而是环境恶化的表象。随着水污染的严重，营养物质丰盛，灾难性的浮游生物大量出现，导致鱼类大量死亡，水母却开始繁盛，但这是另一个灾难的前奏，水母什么都吃，浮游生物、鱼卵、小鱼、大鱼，无一漏网，它的繁盛让鱼类难以再生，其后果将是不可恢复的！日本就曾经尝到了水母繁盛带来的灾难性后果。在日本西北部若狭湾海域，过去渔民不常见的巨型水母，如今却是泛滥成灾：短短几分钟之内，如同小冰箱般大小、一团橘红色的巨型水母随着渔网浮出海面，带有毒液的触手死死地缠住渔网，这群不断蠕动的生物甚至把打捞上来的鱼都挤掉了。更让人担忧的是，伴随着全球变暖趋势日益明显，水母泛滥成灾的情况，近年来在很多国家的沿海海域早已司空见惯，导致了多国旅游与渔业受到影响。不过改变这种情况的方法还是存在的，首先要重视水污染的问题，积极解决工业生产的水污染问题。其次，海龟是水母的天敌，加强对海龟的保护就可以遏制水母的过度生长和繁殖。

巨型等足虫

> 巨型等足虫又叫大王具足虫或巨型深海大虱,是世界体积最大的节肢动物门等脚目漂水虱科动物。一般认为大王具足虫大量生活在冰冷的大西洋深海里。

巨型深海大虱是深海中重要的食腐动物,它们分布在深海地带,从170米的深海到2000米及其之下的漆黑深层带,那里水压很高,温度极低——约3.9℃。它们喜欢生活在泥或黏土层里,过着离群索居的生活。

● 世界最大等足虫

巨型等足虫和虾蟹是远亲,是深海甲壳纲动物,以海底为家。已知最大的巨型深海大虱个头在40厘米以上。巨型等足虫是已知的最大型的等足虫,陆地上等足虫有球潮虫等。法国动物学家米奈·爱德华是描绘此物种的第一人。他于1879年在墨西哥湾捕获一只大王具足虫的雄性幼崽。这个惊人的消息震撼了当时的科学界和社会大众,因为那个时代的人们普遍都认可"深海无生命论"的观点。

巨型等足虫一般都是淡紫颜色的。成年的巨型等足虫体长可达30~40厘米。这样的巨大体型在深海动物中是很难得的,其他的一些等脚类动物都只有1~5厘米。其实人们对此类体型

从外表上看,巨型等足虫就像陆地上潮虫的放大版。

的动物都应该会比较熟悉,因为大王具足虫的陆地表亲——潮虫是在生活中时常可以见到的。两者的身体都是腹——背压扁的,且都有坚硬的鳞片状钙质外骨。这样鳞片在上与头部、在下与尾部都是合为一体的,犹如一个带尾短腹的盾牌。

巨型等足虫的嘴部结构非常复杂,包括许多部件,能够协同一致进行刺入、撕开、掏出内脏等动作。巨型等足虫有着由近4 000个平面小眼组成的复眼。无柄的复眼在头部相互保持远距。此外,巨型等足虫还有两对触须。

巨型等足虫有七对关节肢,第一

对关节肢已经进化成颚足,这样可以把食物送到四套颚处。腹部还有五块鳞片,每块鳞片都有一对双枝腹足,其作用是为了能够在水中行动。

而受到威胁时,巨型等足虫的行为则和潮虫一样,把身体蜷起来变成一个紧紧的球,让背部坚硬的装甲来保护自己。

● 终日在海底打扫尸体

这种大个头甲壳动物虽然不是吃素的,但并不是什么凶猛动物,它们终生只是在洋底打扫动物尸体。巨型等足虫食源广泛,主要是食用死去的海洋生物的尸体,如鲸鱼、鱿鱼和其他一些鱼类。

此外,由于海洋深处食物缺乏,

知识档案

巨型等足虫
目 等足目
科 漂水虱科

分布 全球海域。
栖息地 170米以下深海,泥土里。
食性 腐蚀性。
体型 体长30~40厘米。
外形 淡紫色。
繁殖 卵生,一般认为是春天和冬天繁殖。
寿命 不详。

所以深海大虱必须适应上边掉下来什么就吃什么的生活。除了依靠天上掉馅饼外,它们还吃和它们居住在同一深度的小型无脊椎动物。所以它们也会主动猎食一些行动缓慢的海洋生物,如海参、海绵、线虫、放射虫等

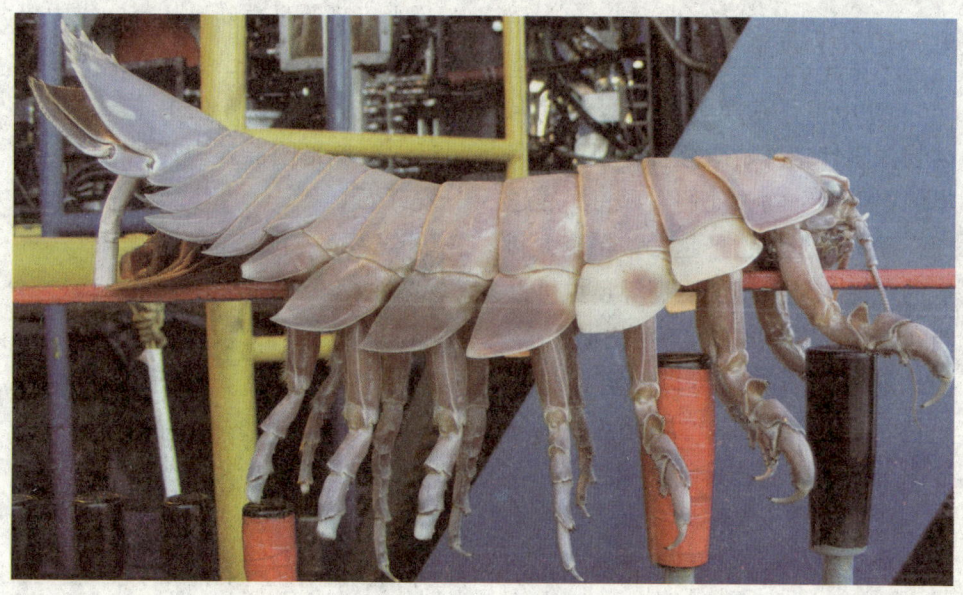
↗ 巨型等足虫体长可达40厘米,是等足类动物中最大的一员。

海底动植物。当然巨型等足虫有时也会捕食鱼类，比如攻击捕鱼网等。当大洋深处食物匮乏的时候，巨型等足虫只有靠天活命，它们可以忍受长期的饥饿。有记录表明，巨型等足虫在水族馆中长达八个星期没有进食，但依然可以存活。当一次性遇上大量食物时，巨型等足虫可以把自己填饱到最后只能勉强行动的地步。

巨型等足虫是深海环境中重要的食腐动物，对海洋生态平衡起着重要的作用。自170米深、昏暗的次沿海区域，至2 140米深、幽黑的深海区域都可以看到巨型等足虫的踪影，而80%的大王具足虫都生活在365~730米的深度。一般在滋泥或黏土层中独自生活。

● 一亿六千万年样子不变

1990年，东澳大利亚海洋食腐动物探索计划开始研究澳大利亚东海岸的甲壳纲动物。他们发现，海底越深，动物越少但物种越大。在澳大利亚的深海水域发现的巨型等足虫可以与在墨西哥或印度的发现相比拟。

通过化石数据可以知道，早在一亿六千万年以前，也就是盘古大陆还未分裂的时代，具足虫就已经存在了，所以它并不是在澳、墨、印三个地方独立进化的。具足虫存在了这么长的时间，人们可能认为它会在不同的区域单独演化。然而，研究人员发现巨型等足虫在上述三个地方几乎完全一样。对此，生物学家认为这是因为巨型等足虫的生存环境极度缺少光线。

巨型等足虫的季节性数量增多主要发生在春天和冬天，这应该是因为夏天的食物短缺所致。成年母体在性活动期会长出一个育幼袋。巨型等足虫卵是所有无脊椎动物中最大的。虫卵都被安全地安置在育幼袋中以度过孵化期。一个正在孵卵的母体如果大量进食，可能会导致身体膨胀从而使得虫卵被挤出育幼袋。幼体孵化后母体会把没孵化的卵吃掉。雌性北冰洋巨型深海大虱产卵后一般会死亡，个别能继续生存下去再次生育。

当巨型等足虫幼崽从育幼袋中出来的时候，它们就已经是成虫的微型版了。它们不再属于幼虫阶段，除了最后一对胸部附器外，其他都已经充分发育了。

巨型等足虫生活在深海海底。

巨型鱿鱼

> 对于巨型鱿鱼科学家知道得还不多，因为到目前为止人们从没见过野生的活体，我们所了解到的都是来自冲到海滩上的巨型鱿鱼尸体，更多的是来自渔民拖网中的尸体。

这种巨型鱿鱼是世界上最大的动物之一，也是最大的无脊椎动物，属于头足纲，枪形目，巨型鱿鱼科，许多中文文章里也把它称为"大王乌贼"。其实鱿鱼与乌贼是有区别的，就普通大小的鱿鱼和乌贼而言，它们在外貌上很相似，但又有明显的不同：鱿鱼身体狭长，有点像标枪的枪头，所以又叫枪乌贼。鱿鱼的触手没有乌贼的触手长，而且不能全部缩到身体内。

● 巨鱿不是长大的了鱿鱼

鱿鱼被归入软体动物门下的头足纲。在鱿鱼种群里，有650个不同的物种。值得注意的是，巨型鱿鱼不是由普通鱿鱼长大的，而是鱿鱼家族中的一个特有种类。

巨型鱿鱼被分成两大类：除了真正的有八根触手的章鱼类，也就是躯干部变成了圆球形、大部分生活在海底的章鱼之外，还有触手数目为十根的鱿鱼，学术说法是十腕类鱿鱼。

无可置疑，巨型鱿鱼属于动物界的巨人，只有少数几种鲸类，个头比它们大。单单是从巨型鱿鱼盘子般大的眼睛，就可窥见一斑。它的眼睛直径可达25厘米，是动物界之最。巨型鱿鱼的身体总长度可达18米，其中，它那两只主要负责捕捉的触腕，和八只普通腕的长度，就占了10~12米。

除了向四面八方伸展的触手以外，巨型鱿鱼的身体，也是非常庞大

↗ 巨型鱿鱼虽然外表与普通鱿鱼无异，却是一个独立的种群。

知识档案

巨型鱿鱼
目 枪形目
科 巨型鱿鱼科

分布 全球海洋。
栖息地 300~1 000米深海。
食性 海底的双壳类、甲壳类动物，以及智利鲈鱼、竹荚鱼等，可能还包括章鱼和小鱿鱼。
体型 6~12米，50~300千克。
外形 八根触手或十根触手。
繁殖 未知。
寿命 约5年。

● 奇特的大眼睛

深海生物的眼睛通常都很小。而巨型鱿鱼仿佛是个例外。它们的大眼睛表明视力对它们很重要，由于它们生活在漆黑一团的深海中，一年四季不见阳光，科学家据此推测，它们依赖其他光源发现猎物，最有可能的就是其他动物身上发出的光。很多巨型鱿鱼的眼睛像篮球那么大。有科学家认为，巨型鱿鱼的大眼是为了在它从海水里游过时，能更清楚地看清周围的一切，及时发现迫在眉睫的危险。

与体型类似但是眼睛更小的动物相比，鱿鱼的大眼睛能聚集更多光。进入眼睛的额外的光大大提高了巨型鱿鱼在海洋深处昏暗的环境里发现周围出现的微小对比差异的能力。这种能力对多数深海动物来说不算什么。但是大眼睛提供的感觉对比能力，对发现距离较远的大型物体引起的微小光线差异至关重要，其中最重要的是受到正在逼近的抹香鲸等大型动物刺激产生的生物光。抹香鲸在潜水和游进的过程中，会不断发出声呐探测鱿鱼的位置。而鱿鱼这种头足类动物无法发现声呐，但是鲸鱼的移动会促使浮游生物等小微生物发出光。鱿鱼通过特殊的眼睛能够看到这种光，尽管对比很小，但仍能发现大约120米以外的微小变化。巨型鱿鱼因此能成功躲

的。它有无数个吸盘。每个上面，都环绕着一圈精细的锯齿，能够深深地切入猎物的身体，紧紧地抓住它们。为了撕裂食物，它们的嘴里，还拥有一个强大的，长度可达15厘米，形似鹦鹉喙的角质颚。

因为人们至今只研究过死巨型鱿鱼，所以，人们对它的身体结构，了解很多，但是对它的生活习性，却几乎一无所知。它们都捕捉些什么东西为食，至今还不太清楚，因为它们的胃里，假如不是空空如也的话，一般只剩下由强有力的颚嚼成的烂糊。但它们巨大的身躯无法让它们变成无敌的动物，相反，它们却是抹香鲸最喜爱的食品，在死亡的抹香鲸胃里常能见到难消化的巨型鱿鱼的喙，而且许多抹香鲸的身体上都有巨型鱿鱼吸盘上利齿留下的圆圈状伤痕。

避抹香鲸等天敌的追杀。

● 揭秘巨型鱿鱼繁殖之谜

像许多其他种类的鱿鱼一样，雄性巨型鱿鱼，也不具备真正的阴茎。这些动物的十只腕中，有一到两只兼任性交器官的作用，也就是所谓的茎化腕，或者也被称为是交接腕。一般雄性鱿鱼交配时，会把茎化腕伸到雌性鱿鱼的外套腔里，将小小的精荚，直接送到雌性体内卵细胞的周围。相反，巨型鱿鱼交配时使用的显然是另一种不太温柔的方法。因为科学家发现，雄性巨型鱿鱼其实不必太靠近雌性鱿鱼，就可以把精液射到它们身上，因为雄性巨型鱿鱼的性器官特别长，几乎和自己的身体一般长，可以像高压水枪一样，将精液射得很远。

雄性鱿鱼的这种射精方式仅仅是这种深海动物神秘生活的一部分。

其他种类的鱿鱼，往往在特殊的储藏地，比如说在外套腔里，或者是生殖器官周围储藏精子，而巨型鱿鱼却喜欢有目的地直接储藏在皮下。学者们猜测，这些深海巨物的雄性，或许是使用它们的颌骨，或者是带有锯齿的吸盘，先在雌性的皮肤上，划出小小的伤口，然而再把精荚存放进去。即使雌性巨型鱿鱼还没有发育成熟，一旦偶遇佳机，还是先交配再说。在这种情况下，在身上收留一些精子，直到哪一天，有成熟的卵时，再让它们受精。只不过，那些精子后来究竟是怎样从皮下储藏室，进入雌性的生殖系统，与卵子会合的，科学家们还是不得而知。

↗ 巨型鱿鱼的天敌是抹香鲸。在深海中，抹香鲸与巨型鱿鱼的搏斗每天都在上演，可能最终还是逃不过被吃的命运，但是巨型鱿鱼在抹香鲸身上留下的道道伤痕足以证明它们也并不是善类。

巨型蜘蛛蟹

蜘蛛蟹属于甲壳纲、十足目、蜘蛛蟹科,它们有坚硬的外壳,它们有蟹类中最长的前螯,它们酷似蜘蛛而得名。

● 腿脚细长的巨蟹

巨型蜘蛛蟹学名叫高脚蟹又名巨螯蟹、杀人蟹,属甲壳纲、十足目、蜘蛛蟹科。它的头胸甲呈短葫芦形,表面有深凹,螯足长。看上去像是一个披着装甲的蜘蛛,也因此而得名。雌蟹长近2米,雄蟹1米多,喜欢栖息在水深400米以下的礁石底或沙泥底的水下,它有8条腿和2只巨大的螯。

巨型蜘蛛蟹足细长,多数食腐肉。广泛分布在暖水区,如北太平洋等地。由于巨型蜘蛛蟹可以食用,因此捕捞巨型蜘蛛蟹已经成为水产业的重要一支。为了保护这种物种,在巨型蜘蛛蟹的产卵期,是严禁捕捞作业的。在繁殖期,巨型蜘蛛蟹会游入较浅海域,因此更容易被捕获。世界上最大的蜘蛛蟹是日本的尖头蟹,它们也是甲壳纲动物中个头最大的。它们有长长的爪,伸展后全长3.7米,它们的胸甲有64厘米宽。

巨型蜘蛛蟹为什么长这么长的脚,而且脚尖非常尖细?原来它是在海底生活的动物,行走在水底。在水底行走和在陆地上行走,有几点不同,一是躯体在水中由于浮力作用而上浮,脚因而不易稳定地接触水底;再者水底摩擦力小,像在冰上行走一样容易打滑;第三,躯体受水流的阻力超过脚下的摩擦力。

巨型蜘蛛蟹由于适应海底生活而长成长腿和尖细的脚尖,加大了步幅和加大了对海底的摩擦力。别看巨型蜘蛛蟹身躯庞大,动作却十分灵敏。捕猎的时候,它会张开长长的腿,竖立起身体,好像一张巨大的桌子,在

知识档案

巨型蜘蛛蟹
目 十足目
科 蜘蛛蟹科

分布 全球海洋。
栖息地 400米深海海底。
食性 以腐肉为食。
体型 完全伸展可达4米。
繁殖 春夏初是巨型蜘蛛螃蟹的繁殖季节。
寿命 可达100岁。

海底静静等待猎物的到来。其身上的那对螯似钢钳,非常强劲有力,一般来说,任何误入巨型蜘蛛蟹桌面下的动物,几乎都没有生还的可能。

为了伪装保护自己,同时也为了欺骗猎物,巨型蜘蛛蟹不管走到哪里,它们都会装饰自己壳的颜色以适应环境。巨型蜘蛛蟹从周围挑选材料,它们首先咀嚼找到的东西,使其磨损并成为纤维状,然后把这些准备好的织物结成尼龙搭扣一样的东西粘挂在自己的腿和壳上。如果有条件,它还会即兴创作——这可以帮助巨型蜘蛛蟹更好地维护自己完美的伪装。所以,有的巨型蜘蛛蟹看上去非常丑陋,面目狰狞。

● 与海葵的和谐共生

蜘蛛蟹长相丑陋,蟹壳上有很多凸起的圆球,八条腿细长,外形看上去像蜘蛛,但头上却戴着两朵"鲜花"。这两朵鲜花其实是海葵,看上去像花,却是一种靠摄取水中的动物为生的食肉动物。它依附寄居在蜘蛛蟹壳上,这样海葵和蜘蛛蟹双方"互利"。

因为蜘蛛蟹喜欢在海中四处游荡,这使得原本不能移动的海葵随着蜘蛛蟹的走动,扩大了觅食的领域。而对蜘蛛蟹来说,一是可用海葵来伪装,二是由于海葵能分泌毒液,可杀死蜘蛛蟹的天敌,保障了蜘蛛蟹的安全。蜘蛛蟹用海葵保护自己,蜘蛛蟹的爬行又给海葵捕食提供方便,生物学上称这种现象为"共生"。

巨型蜘蛛蟹一生当中的绝大多数时间都在深水区度过,但它们也会前往澳大利亚南部沿岸地区,沿着浅水

↗ 由于性情凶猛,会攻击人类致死,所以巨型蜘蛛蟹又称为"巨型杀人蟹"。

↗ 这种罕见的奇长的庞然大物起源于日本，它从爪尖到爪尖的距离可以宽达3.7米。由于巨型蜘蛛蟹可以食用，因此捕捞巨型蜘蛛蟹已经成为水产业的重要一支。为了保护这种物种，在巨型蜘蛛蟹的产卵期，是严禁捕捞作业的。在繁殖期，巨型蜘蛛蟹会游入较浅海域，因此更容易被捕获。

域行进并完成脱壳和交配过程，虽然这种事情每年只发生一次。脱壳时，巨型蜘蛛蟹开始慢慢地紧缩全身，用力将身体从旧蟹壳后方的开口处往外拉，从与自己一模一样的旧壳中挣脱出来，前后大约需要两个多小时的时间。刚蜕下外壳时，巨型蜘蛛蟹的蟹体迅速膨胀，新的蟹体竟然比原来的增大了约一倍，触角增长了约30厘米。"脱胎换骨"后的巨型蜘蛛蟹全身上下都是软的，没有任何自我保护能力，不过用不了一天的光景，新壳就会恢复应有的硬度了。巨型蜘蛛蟹蜕壳后身体还没有变硬之前这段时间是最容易受到其他海洋动物攻击的。

每年春尾夏初是巨型蜘蛛蟹的繁殖季节。这个时节，人们都会发现有超过5万只的巨型蜘蛛蟹在日本东南沿海4米深的海底参加交配盛会。成群结队的蜘蛛蟹涌入这一水域，形成一道奇特的景观。在日本东南海岸，无数巨型蜘蛛蟹聚集在这里。它们横行于海底沙滩之上，然后再浩浩荡荡地南下，最后向横滨湾附近爬去。这些蜘蛛蟹在水中缓慢地爬行，并且互相重叠，就像一张移动的厚地毯，足足有一米厚，跟一个足球场差不多大，颇为壮观。